Markus Henke
Konstruktionselemente mit
einstellbarer Biegesteifigkeit

TUDpress

DRESDNER BEITRÄGE ZUR SENSORIK

Herausgegeben von

Gerald Gerlach

Band 55

Markus Henke

Konstruktionselemente mit einstellbarer Biegesteifigkeit

TUDpress
2014

Die vorliegende Arbeit wurde am 5. Mai 2014 an der Fakultät für Elektrotechnik und Informationstechnik der Technischen Universität Dresden eingereicht und am 25. Juli 2014 erfolgreich verteidigt.

Vorsitzender:	Prof. Dr. techn. Klaus Janschek
Gutachter:	Prof. Dr.-Ing. habil. Gerald Gerlach
	Prof. Dr.-Ing. Thomas Wallmersperger

Bibliografische Information der Deutschen Nationalbibliothek
Die Deutsche Nationalbibliothek verzeichnet diese Publikation in der Deutschen Nationalbibliografie; detaillierte bibliografische Daten sind im Internet über http://dnb.d-nb.de abrufbar.

Bibliographic information published by the Deutsche Nationalbibliothek
The Deutsche Nationalbibliothek lists this publication in the Deutsche Nationalbibliografie; detailed bibliographic data are available in the Internet at http://dnb.d-nb.de.

ISBN 978-3-944331-76-8

Verlag der Wissenschaften GmbH
Bergstr. 70 | D-01069 Dresden
Tel.: 0351/47 96 97 20 | Fax: 0351/47 96 08 19
http://www.tudpress.de

Gesetzt vom Autor.
Printed in Germany.

Für meine Familie

VORWORT DES HERAUSGEBERS

In vielen Anwendungsbereichen mechanischer Strukturen, z. B. in Leichtbaukonstruktionen, wäre es sinnvoll, Konstruktionselemente zu verwenden, die in Abhängigkeit von den äußeren Bedingungen ihre mechanischen Eigenschaften ändern könnten. Das betrifft beispielsweise die Verhinderung von Resonanzüberhöhungen oder die Verschiebung von Resonanzfrequenzen aus dem Arbeitsfrequenzbereich. In den meisten Fällen wird dabei im mechanischen System aus Masse, Feder und Dämpfung die Dämpfung geändert, da dies mit relativ einfachen technischen Mitteln erreichbar ist. Dieser Ansatz ermöglicht zwar die gezielte Einstellung der Resonanzgüte, eine Resonanzfrequenzänderung ist damit allerdings nicht bzw. nur eingeschränkt möglich. Letztere wäre durch eine Änderung der Steifigkeit viel effektiver möglich. Aus diesem Grund werden in jüngerer Zeit verstärkt Konzepte verfolgt, mit denen sich die Steifigkeit von Konstruktionselementen gezielt einstellen bzw. verändern lässt.
Der vorliegende Band der „Dresdener Beiträge zur Sensorik“ widmet sich genau dieser Problemstellung. Hier werden systematisch Lösungsansätze entwickelt und untersucht, die eine kontrollierbare Änderung der Steifigkeit um möglichst mehrere Größenordnungen erlauben. Dabei werden beispielhaft balken- und plattenförmige Strukturen betrachtet, die auf Biegung belastet werden und bei denen die Bauhöhe möglichst gering bleiben soll. Solche Komponenten haben beispielsweise im Leichtbau große Bedeutung, wo die Strukturen immer leichter und dünner werden, aber gegenüber Schwingungsbelastungen trotzdem hinreichend steif bleiben müssen. Die Arbeit schafft damit die Voraussetzungen für den zukünftigen Einsatz solcher Konstruktionselemente. So ist sie nicht nur wissenschaftlich, sondern auch wirtschaftlich von großer Bedeutung. Ich wünsche ihr deshalb viele interessierte Leser!

Dresden, August 2014 Gerald Gerlach

VORWORT DES AUTORS

Die vorliegende Arbeit ist das Ergebnis zweier Forschungsprojekte während meiner Zeit als wissenschaftlicher Mitarbeiter am Institut für Festkörperelektronik (IFE) an der Technischen Universität Dresden und wurde finanziell durch den Freistaat Sachsen und die Europäische Union unterstützt (Projekte: 13962/2379 und 100117154). Die Arbeit entstand im Rahmen des Teilprojektes E2 – Selbstdiagnostizierende und selbstregulierende Komposite des Verbundprojektes ECEMP (European Centre for Emerging Materials and Processes Dresden) als Beitrag zur Selbstregulierung intelligenter Werkstoffverbunde.
Die Entwicklung komplexer multifunktionaler Kompositamaterialien erfordert umfangreiches Wissen auf verschiedenen Disziplinen der Ingenieur- und Werkstoffwissenschaften. Die wissenschaftlichen Ergebnisse, die im Rahmen dieser Arbeit erzielt wurden, wären daher ohne die Hilfe, Unterstützung, Inspiration und Motivation meiner Kollegen, Studenten und Freunde nicht möglich gewesen. An dieser Stelle möchte ich mich dafür bei allen bedanken. Mein besonderer Dank und meine Anerkennung gelten dabei:

- meinem Doktorvater Prof. Dr.-Ing. habil. Gerald Gerlach für die Möglichkeit, meine Dissertation am Institut für Festkörperelektronik anzufertigen, für die hervorragende wissenschaftliche Betreuung, die wissenschaftliche Freiheit, in der zahlreiche Ideen reifen konnten, und für die gute persönliche Zusammenarbeit,

- Prof. Dr.-Ing. Thomas Wallmersperger (Professur für Mechanik multifunktionaler Strukturen, TU Dresden) für die inspirierenden Diskussionen, das kritische Hinterfragen, die Unterstützung bei FE-Berechnungen und für die Rolle als Zweitgutachter dieser Arbeit,

- Dr.-Ing. Jörg Sorber (IFE, TU Dresden) für die inspirierenden Gespräche auf der Suche zu den ersten Lösungsansätzen,

- Dipl.-Ing. Volker Krause für die Unterstützung bei elektrischen Problemen,

- Dipl.-Ing. Michael Piltz von der michael sander kunstsofftechnik gmbh für die Lehrstunden und die fundierte Beratung in Sachen Rapid Prototyping,

- allen Kollegen am Institut für Festkörperelektronik, die mich bei der Erstellung meiner Arbeit mit Rat und Tat unterstützt haben,

- Georg Langer, der mich als studentische Hilfskraft und Studienarbeiter bei vielen Problemen im Labor unterstützt hat,

- Anja, Anna, Agnes, Alex, Andi, André, Carola, Christian, Marco, Martin, Mario, Sebastian, Tobi, Ulli, Yvonne für die unvergessliche und wunderbare Zeit am Institut,

- der Europäischen Union (EFRE) und dem Freistaat Sachsen für die Finanzierung des Forschungsprojektes,

- meinen Freunden, die immer ein offenes Ohr und einen Ratschlag für mich hatten, besonders: Roman, Mandy, Faff, Fibi, Kristin, Jule und Thomas,

- sowie meiner Familie, die mich stets bei allem, was ich vorhatte, unterstützte.

Dresden, August 2014 Markus Henke

ZUSAMMENFASSUNG

Die vorliegende Arbeit beschreibt die Entwicklung, das Potential und die Grenzen neuartiger selbstkontrollierender Strukturen, die in der Lage sind, ihre mechanischen Eigenschaften – speziell ihren Elastizitätsmodul – um mehr als eine Größenordnung zu ändern. Diese Strukturen nutzen einen Mehrschicht-Ansatz aus einer variierenden Anzahl einzelner unabhängiger Schichten. Zur Einstellung der Biegesteifigkeit dieser Biegebalken wird das Gleitverhalten zwischen den einzelnen Schichten und damit das Flächenträgheitsmoment der Struktur beeinflusst. Dies kann entweder durch Form- oder durch Reibschluss erfolgen. Um planare Formschluss-Aktoren anzutreiben, wurden elektroaktive Polymere (EAPs) oder Formgedächtnislegierungen verwendet. Beide Materialien sind in der Lage, große Verformungen bei gleichzeitig hohen Energiedichten zu generieren und sind damit ideal geeignet, um in sehr flachen Aktor-Strukturen verwendet zu werden.
Das Aktorverhalten und die resultierenden Biegesteifigkeiten der Mehrschicht-Strukturen wurden sowohl mit analytischen, als auch mit numerischen Modellen berechnet. Für experimentelle Untersuchungen wurden PolyPower Folien (Danfoss) und VHB 4905 (3M) Klebebänder als elektroaktive Polymere verwendet, sowie SmartFlex Drähte (SAES Getters) als Formgedächtnislegierungen.
Als Demonstrator für die Funktionsfähigkeit von solchen Strukturen mit einstellbarer Biegesteifigkeit wurden dreischichtige Balken mit Formschlussaktoren verwendet. Diese sind in der Lage, ihre Biegesteifigkeit um etwa den Faktor 16 zu verändern.
In den reibschlussgesteuerten Mehrschicht-Balken wurden Drähte aus Formgedächtnislegierungen verwendet, um ausreichend große Reibkräfte zu erzeugen. Die verwendeten Drähte waren in der Lage, ihre Länge beim Überschreiten einer Grenztemperatur um etwa 5 % zu verkürzen. Dabei können große Kräfte erzeugt werden. Die Drähte wurden spiralförmig um einen Stapel aus 10 einzelnen Polykarbonat-Schichten gewickelt und konnten windungsweise angesteuert werden. In experimentellen Untersuchungen konnten so Steifigkeitsänderungen um den Faktor 67 nachgewiesen werden. Durch die windungsweise Ansteuerung ist es möglich, zwischen 17 verschiedenen Steifigkeitszuständen hin und her zu schalten.

ABSTRACT

This contribution describes the development, the potential and the limitations of novel self-controlling structures able to change their mechanical properties – in particular their flexural stiffness – by more than one order of magnitude. These structures use a multi-layer approach consisting of a varying number of independent layers. To control the flexural stiffness of bending-beams, the sliding behavior and, thence, the area moment of inertia of the whole structure between these independent layers is adjusted. This is done either by form-closure or by friction forces.

Electroactive polymers (EAPs) or shape-memory alloys (SMA) were used to control planar form-closure actuators. They are able to supply large strains and high energy density. Therefore, these materials are ideal to be used in very flat actuators.

The actuator behavior and the resulting flexural stiffnesses of the multi-layer beams are calculated both analytically and by finite element simulations. For experimental investigations PolyPower (Danfoss) and VHB 4905 (3M) double-sided adhesive tape was used as electroactive polymer, SmartFlex wires (SAES Getters) were used as shape memory alloys. To demonstrate the operation of such structures with controllable stiffness three-layer beams were used comprising four form-closure actuators. They are able to change their resulting flexural stiffness in nine steps up to a maximum stiffness ratio of 15.

Friction-controlled multi-layers used shape-memory alloy wires to provide the sufficient friction forces. Such wires are able to shorten their length by 5 % by heating them above their activation temperature. They show high actuation forces. These wires are wrapped around a 10-layer stack of thin polycarbonate layers. Experimental investigations have shown that the developed multi-layer beam can change its stiffness by a factor of 67. Since the wires can be heated locally, it is possible to switch between 17 independent stiffness steps.

INHALTSVERZEICHNIS

SYMBOLVERZEICHNIS

A . . . Fläche in mm^2

a . . . . Abstand in mm

A_f . . . Austenitische Endtemperatur in °C

A_s . . . Austenitische Starttemperatur in °C

$\mathbf{b}$ . . . . Linker CAUCHY-GREEN-Tensor

b . . . . Breite in mm

C . . . Materialkonstante nach MOONEY-RIVLIN in kPa

$\mathbf{C}$ . . . Rechter CAUCHY-GREEN-Tensor

D . . . Durchmesser in mm

d . . . . Dicke / Durchmesser in mm

E . . . Elastizitätsmodul in GPa

F . . . Kraft in N

$\mathbf{F}$ . . . Deformationsgradiententensor

G . . . Schubmodul in GPa

g . . . . Tastgrad

H . . . Höhe in mm

h . . . . Höhe in mm

I . . . . Einheitstensor

J . . . . Determinante des Deformationsgradiententensors

I . . . . Flächenträgheitsmoment in mm^4 / Stromstärke in A / Invariante eines Tensors

$\mathcal{K}$ . . . Steifigkeitsverhältnis

K . . . Steifigkeit in $\mathrm{kN\,mm}^2$

k . . . . Steifigkeit in $\mathrm{N\,mm}^{-1}$

L . . . . Länge in mm

l . . . . Länge in mm

M . . . Moment in N mm

M_{Bz} . . Biegemoment in z-Richtung in N mm

M_{f} . . . Martensitische Endtemperatur in °C

M_{s} . . . Martensitische Starttemperatur in °C

N . . . Anzahl / Normalkraft in N

n . . . . Nachgiebigkeit in $\mathrm{mm\,N}^{-1}$

p . . . . Hydrostatischer Druck in MPa

π . . . . Kreiszahl

p_0 . . . Substitution $p_0 = \sin\frac{\alpha_0}{2}$

Q . . . Querkraft in N

q . . . . Streckenlast in $\mathrm{N\,mm}^{-1}$

S . . . . Piola-Kirchhoff-Tensor

S . . . . Flächenschwerpunkt

s . . . . Koordinate entlang eines Pfades s

T . . . Temperatur in °C / Periodendauer in s

t . . . . Abstand in mm

T_{g} . . . Grenztemperatur in °C

U . . . Elektrische Spannung in V / Formänderungsenergie in N mm

u . . . . Deformation in mm

W . . . Ausknickung eines Knickstabes

w . . . Auslenkung in mm

X . . . Koordinaten in einer Ausgangskonfiguration

x . . . . x-Koordinate

y . . . . y-Koordinate

z . . . . z-Koordinate

α . . . . Winkel in ° / Normierte Länge

β . . . . Winkel in ° / Normiertes Flächenträgheitsmoment

ε . . . . Mechanische Dehnung

ε_0 . . . Absolute Permittivität $8{,}854 \times 10^{-12}\,\mathrm{A\,s\,V^{-1}\,m^{-1}}$

$\varepsilon_{\mathrm{PP}}$ . . . Pseudoplastische Dehnung

ε_r . . . Relative Permittivität

φ . . . . Winkel in °

λ . . . . Streckung

λ_{m} . . . Materialkonstante nach ARRUDA-BOYCE (Blockierstreckung des Polymers)

μ_{H} . . . Haftreibungskoeffizient

Ψ . . . Verzerrungsenergiedichtefunktion

σ_{Maxw} . MAXWELL-Spannung in MPa

σ . . . . Mechanische Spannung in MPa

$\sigma_{i\,\mathrm{pre}}$ . . Mechanische Vorspannung in MPa in Richtung i

$\boldsymbol{\sigma}$ . . . Spannungstensor

τ . . . . Zeitkonstante in s

ξ . . . . Substitution $\xi^2 = \frac{F}{EI}$

Indizes

0 .... Ausgangswert

1 .... Komponente in Richtung x_1

2 .... Komponente in Richtung x_2

3 .... Komponente in Richtung x_3

I .... Größe im Bereich I

II ... Größe im Bereich II

A ... Größe im Lager A

akt .. Größe auf einen Aktor bezogen

B ... Durch Biegung hervorgerufe Größe / Größe im Lager B

D ... Durch Druck hervorgerufene Größe

el ... Größe auf eine Elektrode bezogen

ext ... Externe Größe

FGL .. Größe auf ein Bauteil aus Formgedächtnislegierung bezogen

ges ... Gesamtgröße

i .... i-te Komponente

knick . Größe auf eine Knickfeder bezogen

krit .. Kritischer Wert

aust .. Größe im austenitischen Kristallisationszustand

mart . Größe im martensitischen Kristallisationszustand

m ... Mittlere Größe

max .. Maximalwert

mem . Größe auf eine Membran bezogen

min .. Minimalwert

o .... Obere Größe

p .... Größe in einem passiven Bereich

pol ... Größe auf ein Polymer bezogen

q . . . . Größe infolge einer Streckenlast

R . . . Reibungsbezogene Größe

s . . . . Komponente in Richtung der Koordinate s

T . . . Durch Torsion hervorgerufene Größe

u . . . . Untere Größe

Vb . . . Größe auf einen Verbinder bezogen

Symbolik

a . . . . Skalar

$\vec{a}$ . . . . Vektor

$\mathbf{A}/\mathbf{a}$. Tensor zweiter Stufe

$\overline{a}$ . . . . Mittelwert

a' . . . Ableitung nach einer Koordinate

ABKÜRZUNGSVERZEICHNIS

DEA Dielektrischer Elastomeraktor

EAP Elektroaktives Polymer

F^2MC Fluidisch Flexibles Matrix Komposit

FGL Formgedächtnislegierung

IEEE Institute of Electrical and Electronics Engineers

IOPP Institute of Physics Publishing

SMA Shape Memory Alloy

SPIE International Society for optics and photonics

VHB Very High Bond (Markenname eines EAP-Materials)

1 EINLEITUNG

In zahlreichen Leichtbaukonstruktionen werden balken- oder plattenförmige Strukturen auf Biegung belastet, wodurch Verformungen entstehen, die von der Größe der Last abhängig sind und sowohl statisch als auch dynamisch auftreten können. Gemeinsam mit der Eigenmasse der Struktur können so schwingungsfähige Systeme mit charakteristischen Resonanzfrequenzen entstehen. Die Größe einer statischen Verformung bzw. die Amplitude und Frequenz von Eigenschwingungen hängen von der Steifigkeit k bzw. Nachgiebigkeit n und der Dämpfung des Systems ab.

Treten während des Betriebs eines Konstruktionselementes überkritische Lasten oder Resonanzen auf, so kann dies zu Überlastungen bis hin zur Zerstörung einzelner Komponenten oder der gesamten Konstruktion führen. Um dies zu vermeiden, ist es wünschenswert, die mechanischen Eigenschaften von Konstruktionselementen während ihres Betriebs an die jeweiligen Umgebungsbedingungen anzupassen. Dazu gibt es seit etwa zwei Jahrzehnten intensive Forschungen (z.B. [12, 41, 60, 70]), die mit Hilfe neuartiger Werkstoff- und Aktorikkonzepte selbstregulierende Konstruktionselemente entwickeln.

Ziel dieser Arbeit ist es, mit Hilfe aktiver Werkstoffe, wie elektroaktiver Polymere (EAPs) und Formgedächtnislegierungen (FGL, SMAs - engl. Shape Memory Alloys) Biegebalken zu entwickeln, die ihre Biegenachgiebigkeit um mehrere Größenordnungen ändern können. Die Arbeit beschäftigt sich mit Möglichkeiten zur Einstellung der Steifigkeit von auf Biegung belasteten, einseitig eingespannten Biegebalken, so genannten Kragbalken (siehe Abbildung 1.1). Dabei ist die Biegesteifigkeit, bzw. -nachgiebigkeit als Verhältnis zwischen einer Kraft F am freien Ende des Balkens und der sich daraus ergebenden Auslenkung w am freien Ende definiert:

$$k = \frac{1}{n} = \frac{F}{w}. \tag{1.1}$$

Zur Veränderung der Steifigkeit der entwickelten Biegebalkenstrukturen wird vorzugsweise deren Flächenträgheitsmoment variiert. Dieses hat neben dem Elastizitätsmodul des Balkens einen direkten Einfluss auf die Steifigkeit und lässt sich durch die Veränderung der internen Bauteilstruktur variieren. Mit Hilfe eines Multischichtstapels kann so die Nachgiebigkeit um mehrere Größenordnungen verändert werden. Die entwickelten Multischichtstapel bestehen, wie in Abbildung 1.1a dargestellt, aus einer endlichen Anzahl N

Schichten, die übereinander angeordnet sind und im Grundzustand frei übereinander hinweg gleiten können. Durch das Beeinflussen des Gleitverhaltens zwischen den Schichten kann das Flächenträgheitsmoment stark verändert werden. Werden wie in Abbildung 1.1b alle Schichten eines Multischichtstapels miteinander verbunden, steigt die Steifigkeit der Anordnung um den Faktor N^2.

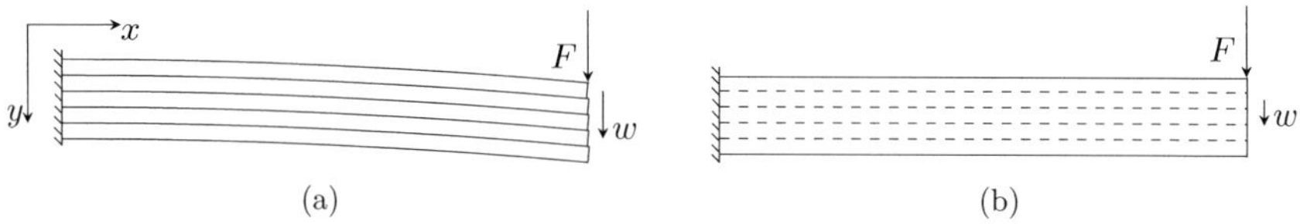

Abbildung 1.1: Mehrschichtstapel mit einstellbarem Haftverhalten zwischen den einzelnen Schichten (a) im nachgiebigen und (b) im steifen Zustand

In der vorliegenden Arbeit werden verschiedene Schaltmechanismen untersucht, die es ermöglichen, gezielt das Gleitverhalten und damit das Flächenträgheitsmoment sowie die Nachgiebigkeit eines Multischichtstapels einzustellen. Um die einzelnen Ansätze hinsichtlich ihrer Steifigkeitsvariation zu vergleichen, wird das Verhältnis zwischen maximaler und minimaler Steifigkeit verwendet:

$$\mathcal{K}_{\max} = \frac{k_{\max}}{k_{\min}}. \tag{1.2}$$

Je größer dieser Wert ist, desto größer ist der Bereich, in dem die Steifigkeit eines Biegebalkens geändert werden kann.

2 STAND DER TECHNIK

2.1 ÜBERSICHT

In der Literatur wurde in der Vergangenheit eine Reihe von Möglichkeiten zur Realisierung von Konstruktionselementen mit steuerbarer Biegenachgiebigkeit diskutiert und veröffentlicht. Eine Übersicht über die im Folgenden näher beschriebenen Varianten ist in Tabelle 2.1 dargestellt. Dabei lassen sich alle bisher diskutierten Varianten in drei Klassen einteilen:

- Variation des Flächenträgheitsmoments I durch strukturelle Veränderungen im Inneren eines Bauteils.
- Variation des Flächenträgheitsmoments I durch Beeinflussung der Kraftübertragung zwischen den einzelnen Schichten eines Schichtstapels.
- Steuerung der Steifigkeit einzelner Hohlfasern in so genannten fluidisch flexiblen Matrix-Kompositen (F^2MC).

Ein besonders großes Interesse an mechanischen Biegestrukturen mit steuerbarer Steifigkeit besteht in der Luft- und Raumfahrtindustrie. Das Ziel dort ist die Entwicklung von verformbaren Flügeln (engl. Morphing Wings), die in der Lage sind, ihre Gestalt und damit das Tragverhalten an den jeweiligen Auftriebszustand anzupassen [42].

2.2 BAUTEILE MIT VERÄNDERBARER STRUKTUR

Um die innere Struktur und damit deren Steifigkeit von Bauteilen zu verändern, können bewegliche mechanische Komponenten im Inneren verwendet werden. Meist ist die konstruktive Umsetzung jedoch schwierig, da strukturelle Veränderungen fast immer auch zur Veränderung der äußeren Geometrie der Bauteile führen. Das ist ein großer Nachteil für die Verwendung in realen Konstruktionen.
In [11] werden zwei Ansätze zur direkten Variation der Nachgiebigkeit von Tragflächen, bei denen die Orientierung bzw. die Position von Verstrebungen in Tragflächen verändert wird, beschrieben. Dieses kann sowohl die Biege- als auch die Torsionsnachgiebigkeit

Tabelle 2.1: Konzepte zur Steuerung der Biegesteifigkeit von Balken

Ansatz	Varianten	Quellen
Strukturelle Variation von I	Querschnittsdrehung oder -verschiebung	AJAJ [1] FLORENCE [15] SUGAR [31, 71]
	Dickenänderung	MENZER [49]
	Änderung der aktiven Balkenlänge	GALLOWY [16–18]
Veränderung der Kraftübertragung zwischen mehreren Schichten	Temperaturabhängiger Elastizitätsmodul	MCKNIGHT [29, 47, 48] GANDHI [19, 51] RAITHER [59] GORDON [21]
	Elektrostatische Steuerung der Reibung	BERGAMINI [6, 7] TABATA [73] DI LILLO [13, 14]
	Luftdruckgesteuerte Reibung	KAWAMURA [39]
	Extern aufgebrachte Reibkraft	KAWAMURA [39]
Fluidisch flexible Matrix-Komposite		SHAN [65, 66] CHEN [9] LI [45]

beeinflussen. Eine Möglichkeit bedient sich der Variation des Flächenträgheitsmoments schmaler Streben im Inneren von Flügeln durch Rotation eines rechteckigen Querschnitts [15]. Dazu werden, wie in Abbildung 2.1a dargestellt, drehbar gelagerte, steife Verstrebungen in die Tragflächen eingebaut. Je nach Orientierung des Querschnittes hat der Flügel eine höhere oder geringere Nachgiebigkeit. Es wurde gezeigt, dass es mit diesem Ansatz möglich ist, die Auslenkung an der Spitze einer solchen Tragfläche um 9 % zu erhöhen, wenn die Verstrebung von der vertikalen in die horizontale Position gedreht wird. Die Torsionssteifigkeit ändert sich um 8,5 %.
Abbildung 2.1b zeigt einen zweiten Ansatz, bei dem im Inneren der Tragfläche zwei verschiebbar gelagerte Verstrebungen angeordnet sind. In der Abbildung ist schematisch der Tragflächenquerschnitt gezeigt. Durch deren seitliche Verschiebung kann die Torsionssteifigkeit um 27,5 % variiert werden [1].
In [31, 71] wird ein ähnlicher Ansatz wie in [15] beschrieben. Dort kommt eine drehbar gelagerte schmale Verstrebung zum Einsatz, die im Inneren einer Spiralfeder angeordnet ist und die Steifigkeit von Robotikkomponenten ändert. Die Komponente mit veränderlicher Steifigkeit wird dazu parallel zu zwei steifen Balkenstrukturen, die gelenkig verbunden sind, angeordnet und kann so die Biegesteifigkeit in bestimmte Richtungen ändern (Abbildung

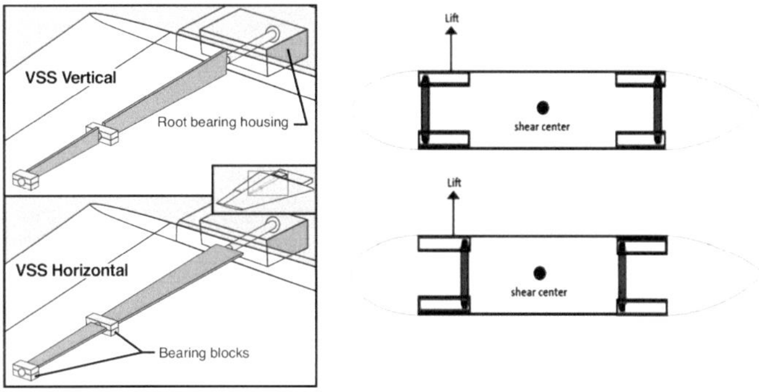

(a) (b)

Abbildung 2.1: Tragflächen mit (a) variabler Biegesteifigkeit (aus [15]) und (b) variabler Torsionssteifigkeit (aus [1]) mit freundlicher Genehmigung des American Institute of Aeronautics and Astronautics, Inc.

2.2). Wie stark sich hierbei die Steifigkeit in der Praxis verändern lässt, wird in den Arbeiten nicht angegeben, liegt aber theoretisch etwa im Bereich einer Größenordnung (Abschnitt 3.3).

Abbildung 2.2: Roboterarm-Element mit veränderbarer Steifigkeit auf Basis einer verdrehbaren Verstrebung innerhalb einer Spiralfeder (aus [31]) mit freundlicher Genehmigung der Korean-American Scientists and Engineers Association

Neben der Verdrehung oder Verschiebung von Querschnitten bietet auch die Variation der Dicke des Querschnitts eines Biegebalkens die Möglichkeit, die Biegenachgiebigkeit gezielt zu verändern. In [49] wird eine Balkenstruktur beschrieben, die aus zwei einzelnen T-Träger-förmigen Querschnitten besteht. Diese können auseinander gefahren werden (Abbildung 2.3). Um bei Biegung ein Verschieben der beiden Teile gegeneinander zu verhindern, besitzen diese an den Kontaktflächen korrespondierende Nuten und Federn. Die Balkenhöhe wird über hydraulisch betriebene Zylinder, die sich ebenfalls im Inneren der Balkenstruktur befinden, eingestellt.
Die Dickenänderung eines Balkenquerschnitts führt immer zu einer Änderung der äußeren Abmessungen. Das ist insbesondere für Einspannungen problematisch. Darüber hinaus ist für den Betrieb der Struktur ein Hydraulikantrieb notwendig. Beides erschwert den praktischen Einsatz dieser Konstruktion.
Eine weitere Variante nutzt die Veränderung der Länge eines Biegebalkens. Dazu wurden beispielsweise in [16–18] gekrümmte Beinstrukturen für Roboter entwickelt, die durch eine

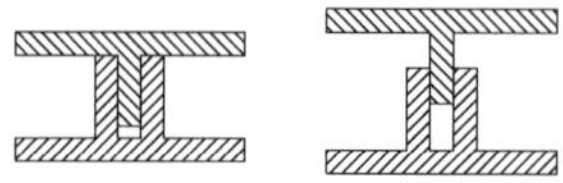

(a) (b)

Abbildung 2.3: Balkenquerschnitt mit einstellbarer Dicke nach [49], (a) im nachgiebigen, (b) im steifen Zustand

gezielte Einstellung der mechanischen Eigenschaften die Geschwindigkeit des Roboters beeinflussen können (Abbildung 2.4).
Das Prinzip beruht darauf, dass die Durchbiegung eines Balkens kubisch von dessen Länge abhängig ist. Das wiederum beeinflusst die resultierende Steifigkeit an dessen freiem Ende. Die Struktur besteht aus einem gebogenen Bein aus Verbundmaterial und einer zweiten, gegenüber dem gebogenen Bein verschiebbaren Versteifungsstruktur. Im eingefahrenen Grundzustand (Abbildung 2.4a) verstärkt die Versteifung das Bein auf der kompletten Länge. Je weiter die Versteifung nach oben ausgefahren wird, desto länger ist der Bereich, in dem das unversteifte Bein die Biegemomente aufnehmen muss und um so kleiner ist die resultierende Gesamtsteifigkeit der Beinstruktur. Am nachgiebigsten ist das Bein, wenn die Versteifung komplett ausgefahren ist (Abbildung 2.4c).

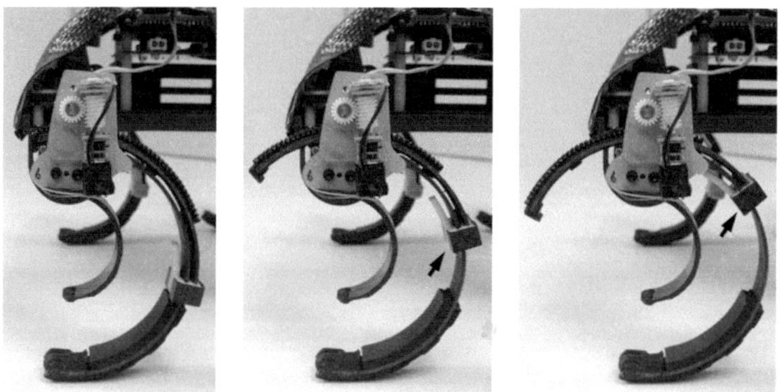

(a) (b) (c)

Abbildung 2.4: Roboterbein mit veränderlicher versteifter Länge und damit einstellbarer mechanischer Steifigkeit, (a) im steifen, (b) in einem Übergangs- und (c) im nachgiebigen Zustand (aus [16]) mit freundlicher Genehmigung von Dr. K. C. Galloway

2.3 STRUKTUREN MIT VERÄNDERBARER KRAFTÜBERTRAGUNG

Im Gegensatz zu den strukturell angepassten Nachgiebigkeiten kommen bei den Strukturen mit veränderlicher Nachgiebigkeit keine zusätzlichen mechanischen Komponenten zum Ein-

satz. Das hat den Vorteil, dass solche Bauteile während des Betriebs ihre äußere Geometrie nicht verändern und dadurch besser in konkrete Konstruktionen integriert werden können. Prinzipiell werden hierfür meist Schichtstapel aus Verbundwerkstoffen genutzt. Die Funktionsweise basiert darauf, dass bei der Biegung eines Balkens durch Querkräfte Schubspannungen entstehen. Diese verteilen sich charakteristisch über den Querschnitt eines Balkens. In einer steifen Struktur müssen diese von Schicht zu Schicht übertragen werden. Durch eine Veränderung der Kraftübertragung zwischen den einzelnen Schichten kann gezielt eingestellt werden, ob die Scherspannungen übertragen werden oder ob die einzelnen Schichten übereinander zu gleiten beginnen.
Die Kraftübertragung in einem Mehrschichtstapel kann durch unterschiedliche Ansätze beeinflusst werden. Beispielsweise eignen sich hierzu Formgedächtnispolymere (engl. Shape Memory Polymers - SMPs), die ihre Materialeigenschaften temperaturabhängig ändern können. Solche Materialien kommen beispielsweise in Morphing-Wing-Strukturen zum Einsatz. In [29, 47, 48] werden Strukturen aus Metall-Formgedächtnis-Polymer-Kompositmaterialien beschrieben, bei denen dünne, flächige Metallplättchen in eine Matrix aus Formgedächtnispolymer eingebettet sind (Abbildung 2.5).

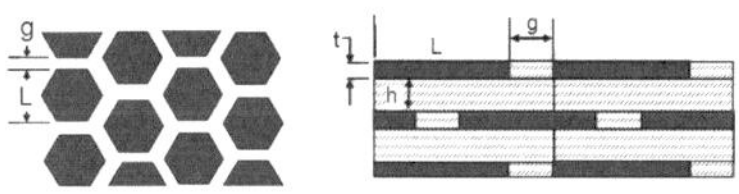

(a)

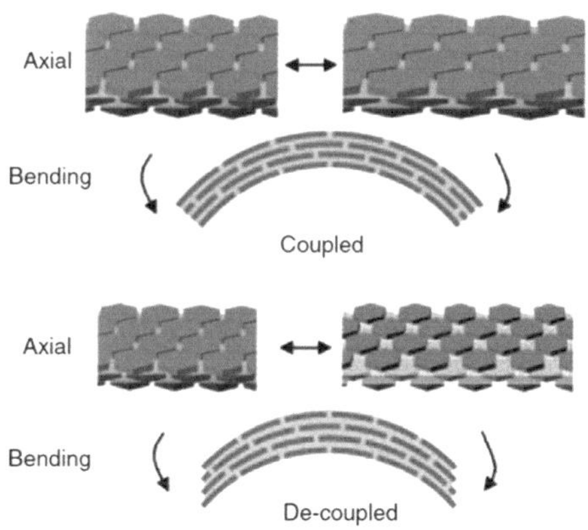

(b)

Abbildung 2.5: Biegestruktur aus Metall-Formgedächtnispolymer-Komposit. Hexagonale Plättchen aus Stahl, Aluminium oder SiC (blau) sind in Polyurethan eingebettet und bilden eine verstärkende Struktur: (a) Aufbau, (b) Funktionsweise (aus [29]), mit freundlicher Genehmigung der SPIE

Im kalten Zustand ist die Polymermatrix in der Lage, Schub- und Normalspannungen zwischen den Metallplättchen zu übertragen, so dass sich das Komposit bei Biegung oder Zugbelastung wie ein steifes, quasi-homogenes Material verhält. Bei einer Temperaturerhöhung über die Glasübergangstemperatur des Polymers sinkt dessen Elastizitätsmodul. Das führt dazu, dass die Normalkräfte nicht mehr vollständig übertragen werden können und die einzelnen Metallplättchen gegeneinander gleiten. Infolgedessen sinken die Biege- und die Zugsteifigkeit des Materials.
In [19, 51] und [59] werden Formgedächtnispolymere zur Nachgiebigkeitskontrolle verwendet.

Dazu werden mindestens zwei steife Balkenstrukturen aus Metall oder kohlenstofffaserverstärktem Kunststoff (CFK) übereinander angeordnet und mit Formgedächtnispolymer verbunden (Abbildung 2.6) [19]. Bei einer Biegung der Balkenstruktur hängt deren Nachgiebigkeit maßgeblich vom Elastizitäts- bzw. Schermodul des Polymers ab. Liegt dessen Temperatur unterhalb der Glasübergangstemperatur, ist das Polymer sehr steif und es können große Schubspannungen übertragen werden (Abbildung 2.6b).
Wird die Temperatur des Polymers über die Glasübergangstemperatur erhöht, erweicht das Polymer und kann die Schubspannungen nicht mehr übertragen (Abbildung 2.6c). Dadurch verringert sich die Biegenachgiebigkeit der Balkenstruktur. In [19] wird eine Verringerung der Steifigkeit auf ein Drittel angegeben. Mit Hilfe dieses Ansatzes ist es auch möglich, die Torsionssteifigkeit einer solchen Struktur zu verändern.

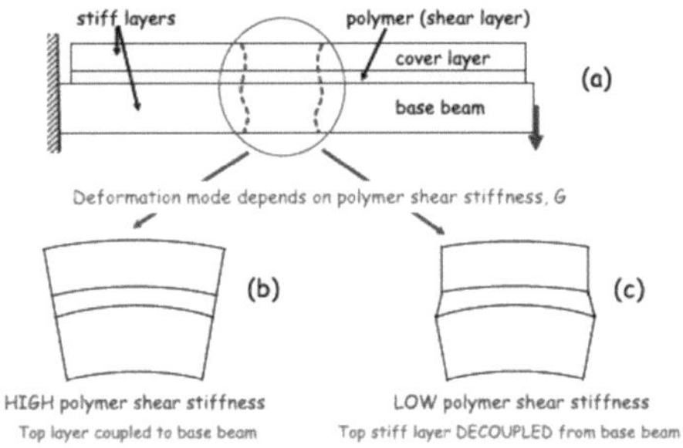

Abbildung 2.6: Balkenstruktur mit veränderlicher Nachgiebigkeit in Folge von temperaturabhängiger Schubspannungsübertragung zwischen zwei steifen Schichten. (aus [19], mit freundlicher Genehmigung der IOPP)

Für die Erwärmung sind allerdings große Wärmemengen notwendig, da die Metallbalken einen großen Teil der Wärme an die Umgebung abführen. Ein schnelles Umschalten zwischen dem steifen und dem nachgiebigen Zustand ist daher nicht möglich.
In [21] wird ein ähnlicher Ansatz verwendet. Hier wurden mehrere Platten aus Balsaholz mittels Heißkleber zu einem Balken laminiert. In die Kleberschichten sind Heizdrähte eingebracht, die den Kleber soweit erwärmen können, dass er erweicht und ein Übereinandergleiten der Platten bei Biegung ermöglicht (Abbildung 2.7). Dieser Vorgang ist reversibel und kann die Steifigkeit des Komposit-Balkens um fast eine Größenordnung verändern.

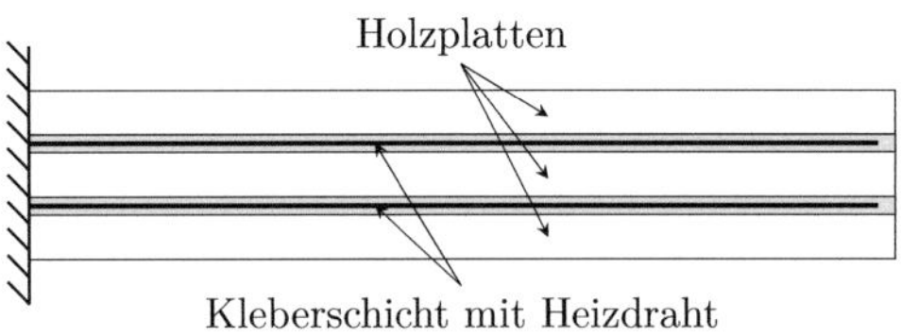

Abbildung 2.7: Laminierter Mehrschichtstapel mit Kleberschichten und Heizdrähten [21]

In [39] werden Plattenstapel aus sehr vielen Einzelschichten verwendet, wodurch die Steifigkeit in einem viel größeren Bereich variiert werden kann. Die Änderung basiert auch hier auf der Beeinflussung der Scherkraftübertragung zwischen den einzelnen Schichten. Der Schichtstapel befindet sich in einer flexiblen Hülle, in der Vakuum erzeugt werden kann. Dadurch übt der äußere Luftdruck einen Druck auf den Stapel aus. Dieser Druck führt zu Reibung zwischen den einzelnen Schichten, die dafür sorgt, dass die bei Biegung erzeugten Schubspannungen zwischen den einzelnen Schichten übertragen werden. Im Grundzustand ohne Vakuum gleiten alle Schichten nahezu widerstandslos übereinander. Das hat eine geringe Steifigkeit des Gesamtsystems zur Folge. Wird in der Hülle ein Vakuum erzeugt, presst der atmosphärische Druck die Schichten so stark zusammen, dass diese nicht mehr gleiten können und der Schichtstapel als quasi-homogener Balken seinen steifen Zustand annimmt.

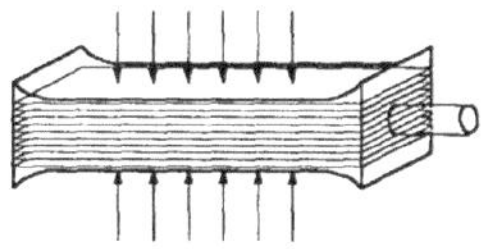

Abbildung 2.8: Funktionsprinzip eines Schichtbalkens mit Vakuumhülle (mit freundlicher Genehmigung der IEEE aus [39])

Der Aufbau ist konstruktiv und technologisch einfach umsetzbar. Eine natürliche Grenze für die maximal übertragbare Spannung zwischen den einzelnen Schichten ist der natürliche Luftdruck. Überschreitet die zu übertragende Schubspannung die durch die Reibkraft übertragbare, so beginnen die Schichten übereinander hinweg zu gleiten. Eine Steigerung der übertragbaren Spannung ist durch eine Strukturierung der Oberflächen der Schichten möglich. Diese Strukturierung kann aber beim Überschreiten der Reibkraft leicht geschädigt werden. Nachteilig ist weiterhin, dass zur Erzeugung des benötigten Vakuums spezielle Vakuumtechnik notwendig ist, was die Einsatzmöglichkeiten limitiert. In [30] wird mit der Entwicklung einer Orthese für Fußgelenke eine Einsatzmöglichkeit des entwickelten Ansatzes vorgestellt.
Die erforderlichen Reibkräfte lassen sich auch mit anderen Prinzipien aufbringen. Die Gruppen um Bergamini et al. [6, 7], Tabata et al. [73] und Di Lillo [13, 14] steuerten den Reibschluss beispielsweise mittels elektrostatischer Anziehung. Dazu wurden zahlreiche dünne, leitende Balken frei beweglich übereinander positioniert und durch dielektrische Schichten voneinander isoliert. Durch Anlegen einer Hochspannung kann dann die Biegenachgiebigkeit gezielt verändert werden.
Eine andere Möglichkeit, um die Torsions- und Biegesteifigkeit von Tragflächen mittels Reibschluss zu beeinflussen, wird in [63] beschrieben. Dort werden vertikale Versteifungsrippen im Inneren einer Tragfläche so gestaltet, dass diese aus zwei einzelnen Teilen bestehen, die sich relativ zueinander verschieben können. Die Ober- und die Unterseite können als zwei unabhängige Schichten und der Flügel damit als Schichtstapel betrachtet werden. In Abbildung 2.9a befindet sich das Rotationszentrum in der Mitte der Tragfläche. Die seitlichen Versteifungsrippen sind getrennt und können bei Torsion oder Biegung gegenein-

ander gleiten. Abbildung 2.9b zeigt den Mechanismus zur Einstellung der Nachgiebigkeit. Dazu werden zu beiden Seiten der Versteifungsrippen zusätzliche Bauteile angeordnet, die über einen mechanischen Druck eine Haftreibung erzeugen und das Aneinandervorbeigleiten der beiden Teile der Versteifungsrippen verhindern. Dies wirkt sich sowohl auf das Torsionsträgheitsmoment als auch auf das Flächenträgheitsmoment und damit auf die entsprechenden Steifigkeiten aus. Die Torsionssteifigkeit konnte hier um etwa 20 % variiert werden [63].

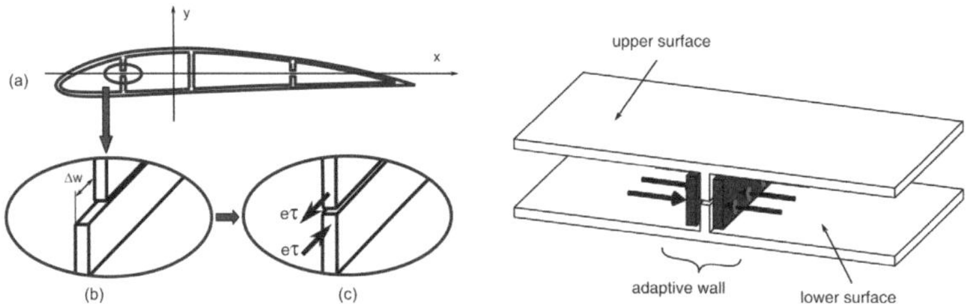

(a) (b)

Abbildung 2.9: Tragfläche mit variabler Torsions- und Biegesteifigkeit (aus [63]), (a) Aufbau einer Tragfläche, (b) Steuermechanismus, mit freundlicher Genehmigung von SAGE Journals

2.4 FLUIDISCH GESTEUERTE NACHGIEBIGKEITEN

Fluidisch flexible Matrix-Komposite (F^2MCs) verwenden flexible, schlauchförmige Röhren, die aus einem Kompositmantel mit spezieller Faserorientierung bestehen [65, 66]. Die Funktionsweise basiert nun darauf, dass sich an einem F^2MC stets ein Gleichgewicht aus äußerer axialer Belastung, Druck im Innenraum und resultierender Länge einstellt. Bei konstanter äußerer Belastung kann somit über den Innendruck die Nachgiebigkeit des F^2MC eingestellt werden (Abbildung 2.10).

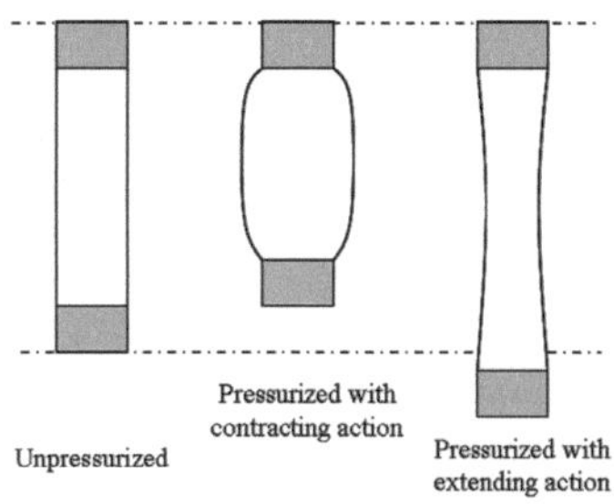

Abbildung 2.10: Funktionsprinzip eines fluidisch flexiblen Matrix-Komposits (F^2MCs) (aus [66]), mit freundlicher Genehmigung von Elsevier

Werden solche hydraulischen oder pneumatischen „Muskeln“ als aktive Komponenten in ein flexibles Matrixmaterial eingebettet, können damit Konstruktionselemente mit veränderlicher Biegenachgiebigkeit hergestellt werden. In [67] wurden mehrere miniaturisierte F^2MC in einer Silikonmatrix zu einer flächigen Struktur vergossen und in einem klassischen Zugversuch getestet. Es konnte eine Steigerung der Zugsteifigkeit um den Faktor 56 gezeigt werden. Ebenso ergibt sich dadurch eine Veränderung der Biegesteifigkeit (Abbildung 2.11) [9].

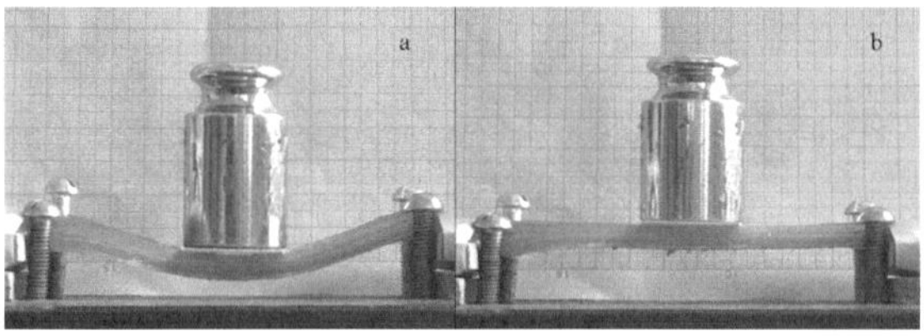

Abbildung 2.11: Biegebalken aus F^2MC mit variabler Biegesteifigkeit, (a) im nachgiebigen und (b) im steifen Zustand (aus [9]), mit freundlicher Genehmigung von Elsevier

In [45] wurden auf der Ober- und Unterseite einer Bienenwabenstruktur jeweils eine Schicht aus mehreren F^2MC angeordnet. Die Biegenachgiebigkeit eines Demonstrators konnte damit um den Faktor 3 variiert werden.

2.5 ZIELSTELLUNG DER ARBEIT

Trotz der zahlreichen bereits untersuchten Biegestrukturen mit steuerbarer Nachgiebigkeit, weisen vor allem die Ansätze zur strukturellen Beeinflussung Nachteile hinsichtlich der konstruktiven Umsetzung auf. Immer wenn sich der Querschnitt eines Bauteils maßgeblich ändert, sei es durch Variation der Balkendicke, durch Drehung eines Querschnitts oder der Verschiebung von Verstärkungsrippen, führt das zu Problemen bei der Integration der Bauteile in größere mechanische Konstruktionen. Ein Bauteil, das seine Dicke, Länge oder Breite ändert, kann schlecht im klassischen Maschinenbau eingesetzt werden.

Strukturen mit veränderbarer Kraftübertragung verändern während einer Steifigkeitsänderung ihre äußere Gestalt hingegen nicht, benötigen allerdings entweder komplizierte Mechanismen zur Erzeugung eines Kraftschlusses oder sind physikalisch beispielsweise durch Durchschlagfeldstärken oder den Luftdruck limitiert. Alle Ansätze, die zur Veränderung der Kraftübertragung Materialien mit temperaturabhängigen Elastizitätsmoduln verwenden, haben den Nachteil, dass die Erwärmung und Kühlung der relativ großen Materialmengen sehr viel Zeit und Energie benötigen. Darüber hinaus kann es bei der Verringerung des Elastizitätsmoduls zum Kriechen kommen, was die Reversibilität der Strukturen negativ beeinflusst.

Ziel dieser Arbeit ist deshalb die Entwicklung neuartiger Konstruktionselemente mit steuerbarer Biegenachgiebigkeit, bei denen die Nachgiebigkeitsänderung schnell, reversibel und in einem möglichst großen Bereich erfolgen soll. Dazu werden in der Arbeit Mehrschichtstapel

verwendet, da bei diesen ein maximales Steifigkeitsverhältnis $\mathcal{K}_{\max} = N^2$ erreichbar ist, wenn N die Anzahl unabhängiger Einzelschichten ist.
Bei Mehrschichtstapeln muss in jedem Fall das Kraftübertragungsverhalten zwischen den einzelnen Schichten beeinflusst werden. Um dabei aber die Nachteile bisheriger Ansätze zu umgehen, sollen folgende Anforderungen erfüllt werden:

- Änderung der Nachgiebigkeit in einem großen Bereich.
- Keine Veränderung der äußeren Geometrie der Struktur.
- Sichere Übertragung der Schubspannungen zwischen den einzelnen Schichten auch bei großen Biegemomenten.
- Quasi-stufenlose Steuerung der resultierenden Biegesteifigkeit.
- Schneller, reversibler Wechsel zwischen den einzelnen Steifigkeitszuständen.

Um diese Anforderungen zu erfüllen, müssen folgende Probleme gelöst werden:

- Die Schichtstapel müssen aus so vielen Schichten wie möglich bestehen, die noch dazu so flach wie möglich sind, um auf einer geringen Bauteilhöhe ein großes $\mathcal{K}_{\max}$ zu erreichen.
- Alle Bauteile, die an der Änderung der Kraftübertragung zwischen den Schichten beteiligt sind, müssen sich im Inneren, jeweils zwischen den einzelnen Schichten, oder unmittelbar an der Oberfläche des Stapels befinden.
- Für eine sichere Übertragung der Schubspannungen kommen nur ein Formschluss durch sehr flache Aktoren zwischen den Schichten oder ein Kraftschluss mit einer sehr starken Kraftquelle in Frage.
- Für eine quasi-stufenlose Steuerung der Nachgiebigkeit müssen die Steuerkomponenten ortsselektiv unabhängig angesteuert werden. Dazu müssen diese Bauteile zum Teil miniaturisierbar sein.
- Um ein schnelles reversibles Hin-und-her-Schalten zwischen verschiedenen Steifigkeiten zu ermöglichen, sollen elektromechanische Aktoren verwendet werden.

Aus diesen Anforderungen wurden zwei Ansätze abgeleitet, die im Rahmen der Arbeit untersucht wurden und für die jeweils ein funktionstüchtiger Demonstrator aufgebaut werden konnte:

- Der erste Teil der Arbeit beschäftigt sich mit der Entwicklung eines Mehrschichtstapels, der die positiven Eigenschaften von struktureller und kraftgesteuerter Steifigkeitssteuerung miteinander kombiniert. Die Schubspannungsübertragung wird anders als bei bisherigen Lösungen allerdings nicht über einen Reibschluss, sondern strukturell über einen Formschluss erzeugt. Für den Formschluss kommen elektromechanisch angetriebene flache Aktoren zum Einsatz, die jeweils zwischen den einzelnen Balkenschichten platziert werden.

- Im zweiten Teil der Arbeit wird die Entwicklung eines klassischen kraftgesteuerten Ansatzes beschrieben. Dabei kommen 10 dünne Schichten zum Einsatz, die von einer Formgedächtnislegierung als Kraftquelle gesteuert werden. Die Ansteuerung erfolgt ortsselektiv und schnell.

3 GRUNDLAGEN FÜR KONSTRUKTIONSELEMENTE MIT VERÄNDERLICHER NACHGIEBIGKEIT

Steifigkeiten bzw. Nachgiebigkeiten beschreiben den Zusammenhang zwischen der mechanischen Belastung eines Bauteils und der daraus resultierenden Auslenkung. Je nach Belastungsart wird zwischen Dehn-, Biege- und Torsionssteifigkeit (k_D, k_B, k_T) bzw. -nachgiebigkeit (n_D, n_B, n_T) unterschieden (Abbildung 3.1).

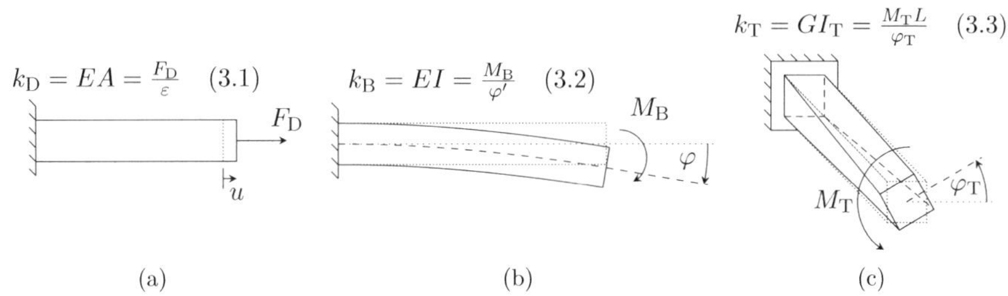

Abbildung 3.1: Definitionen der drei grundlegenden Steifigkeiten, (a) Druck- oder Zugsteifigkeit, (b) Biegesteifigkeit, (c) Torsionssteifigkeit nach GROSS [22]

Die Steifigkeiten beschreiben den Zusammenhang zwischen Last und Verformung und somit den Widerstand eines mechanischen Bauteils gegenüber der Last. Sie hängen jeweils vom Material (Elastizitätsmodul E oder Schubmodul G) und der Geometrie (Querschnittsfläche A, Flächenträgheitsmoment I oder polarem Flächenträgheitsmoment I_{T}) des Bauteils ab.

- Die Zug- oder Drucksteifigkeit k_{D} beschreibt den Zusammenhang zwischen einer Kraft F_D und der daraus resultierenden Dehnung ε und lässt sich aus dem Produkt von Elastizitätsmodul E und Querschnittsfläche A berechnen (Abbildung 3.1a).

- Die Biegesteifigkeit ergibt sich aus dem Produkt aus Elastizitätsmodul und Flächenträgheitsmoment I und beschreibt den Zusammenhang zwischen Biegemoment und Krümmung $\varphi' = \frac{\partial \varphi}{\partial x}$.

- Das Produkt aus Schubmodul G und polarem Flächenträgheitsmoment I_T liefert die Torsionssteifigkeit k_T und ergibt sich aus dem Zusammenhang zwischen Torsionsmoment M_T, Stablänge L und dem Torsionswinkel φ_T.

Für ingenieurtechnische Anwendungen ist jedoch oft nicht der Zusammenhang zwischen Last und Dehnung von Interesse, sondern der zwischen Last und Auslenkung:

$$\frac{F}{w} = k = \frac{1}{n}, \tag{3.4}$$

was der Definition einer Federkonstante entspricht – k und n bezeichnen hier die solcherart definierte Steifigkeit bzw. Nachgiebigkeit. Deshalb soll im Weiteren mit dieser Definition gearbeitet werden.

3.1 BIEGESTEIFIGKEIT VON BIEGEBALKEN

Die Biegesteifigkeit k eines Biegebalkens hängt von den mechanischen Materialeigenschaften und seiner Form mit den entsprechenden geometrischen Größen ab. Die Steifigkeit k bzw. Nachgiebigkeit n eines einseitig eingespannten Biegebalkens ergeben sich nach Gleichung (3.4) aus der eingeleiteten Kraft F und der Auslenkung w am freien Ende (Abbildung 3.2).

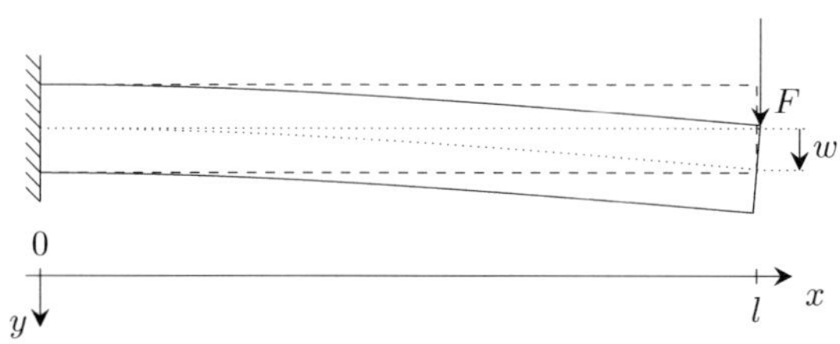

Abbildung 3.2: Verformung eines einseitig eingespannten Balkens bei einseitiger Belastung mit einer Kraft F

Die Biegelinie eines solchen Balkens ergibt sich nach [57] zu:

$$w(x) = \frac{F}{6EI}\left(3lx^2 - x^3\right). \tag{3.5}$$

Für die Auslenkung am freien Balkenende ($x = l$) ist somit

$$w(x = l) = \frac{Fl^3}{3EI}\,. \tag{3.6}$$

Daraus folgt mit Gleichung (3.4) die Biegenachgiebigkeit eines einseitig eingespannten Balkens:

$$k = \frac{3EI}{l^3} = \frac{1}{4}Eb\left(\frac{h}{l}\right)^3. \quad (3.7)$$

Nach Gleichung (3.7) ist die Biegesteifigkeit vom Elastizitätsmodul E, der Balkenbreite b und mit der dritten Potenz vom Verhältnis aus Balkendicke h und Balkenlänge l abhängig. Dementsprechend ist es möglich, die Nachgiebigkeit durch unterschiedliche Ansätze zu verändern:

1. Die Biegenachgiebigkeit eines Balkens ist direkt von dessen Materialeigenschaften abhängig. Eine Variation des Elastizitätsmoduls wirkt sich auch direkt auf die Biegesteifigkeit aus.

2. Die Biegenachgiebigkeit ist direkt proportional zum Flächenträgheitsmoment I des Balkenquerschnitts und damit proportional zur dritten Potenz der Balkendicke h. Eine Veränderung der Balkendicke wirkt sich überproportional auf die Steifigkeit des Balkens aus.

3. Die Länge l des Balkens beeinflusst dessen Nachgiebigkeit mit der dritten Potenz.

3.2 FLÄCHENTRÄGHEITSMOMENT VON BIEGEBALKEN

Das Flächenträgheitsmoment I ist eine aus dem Querschnitt eines Balkens abgeleitete geometrische Größe. Es beschreibt gemäß Gleichung (3.5) bis (3.7) den geometrieabhängigen Widerstand eines Balkens gegen eine Verformung bei Biegung. Die Größe des Flächenträgheitsmoments hängt maßgeblich von der Fläche A eines Balkenquerschnitts und deren Ausdehnung in der Querschnittsebene ab. Abbildung 3.3a zeigt eine allgemeine Querschnittsfläche A mit dem Flächenschwerpunkt $S = (x; z)$. Ein solcher Querschnitt weist bezüglich seiner Hauptachsen y bzw. z die zwei Flächenträgheitsmomente I_{yy} und I_{zz} auf. Dabei fällt die dehnungsfreie neutrale Achse mit der y- bzw. z-Achse zusammen. Die Flächenträgheitsmomente lassen sich für eine allgemeine Fläche A folgendermaßen berechnen [57]:

$$I_{\text{zz}} = \int y^2 \,\mathrm{d}A, \qquad I_{\text{yy}} = \int z^2 \,\mathrm{d}A. \quad (3.8)$$

Um die Flächenträgheitsmomente eines allgemeinen Querschnitts zu berechnen, muss die Verteilung der Fläche in der Querschnittsebene bekannt sein.
Die vorliegende Arbeit konzentriert sich auf rechteckige Balkenquerschnitte (Abbildung 3.3b). Für solche Querschnitte ergibt sich für die Gleichung (3.8) mit $\mathrm{d}A = h \,\mathrm{d}z$ bzw. $\mathrm{d}A = b \,\mathrm{d}y$ für eine Biegung bezüglich der Hauptträgheitsachsen durch den Schwerpunkt S (z- und y-Achse):

$$I_{\text{zz}} = \int_{-\frac{h}{2}}^{\frac{h}{2}} y^2 b \,\mathrm{d}y = \frac{bh^3}{12}, \qquad I_{\text{yy}} = \int_{-\frac{b}{2}}^{\frac{b}{2}} z^2 h \,\mathrm{d}z = \frac{hb^3}{12}. \quad (3.9)$$

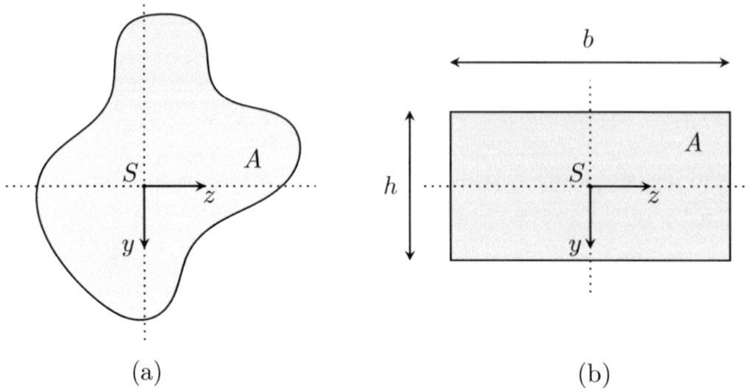

Abbildung 3.3: Querschnittsflächen von Biegebalken mit dem Flächeninhalt A, dem Flächenschwerpunkt S und den Hauptträgheitsachsen x und z für (a) einen allgemeinen Querschnitt und (b) einen rechteckigen Querschnitt mit der Höhe h und der Breite b

Aus Gleichung (3.9) wird ersichtlich, dass die Dicke h eines Balkens maßgeblichen Einfluss auf das Flächenträgheitsmoment und damit auf die Steifigkeit eines Balkens hat. Die Steifigkeit k eines Balkens ist proportional zu dessen Breite b kubisch abhängig von dessen Höhe h. Damit sind das Flächenträgheitsmoment und insbesondere die Dicke h ideale Größen, um die Steifigkeit bzw. Nachgiebigkeit eines Balkens zu beeinflussen.

3.3 ANSÄTZE ZUR VARIATION DES FLÄCHENTRÄGHEITSMOMENTS

Es gibt zahlreiche Möglichkeiten, das Flächenträgheitsmoment eines Balkens zu verändern. Im Folgenden sollen mögliche Ansätze verglichen werden. Darauf aufbauend werden die vorteilhaften Varianten ausgewählt.

Die Abbildungen 3.4a bis 3.4d zeigen jeweils einen Balkenquerschnitt mit zwei unterschiedlich großen Flächenträgheitsmomenten und dementsprechend einem biegeweichen (links) und einem biegesteifen Zustand (rechts). Gelingt es durch entsprechende Aktorik, zwischen beiden Zuständen hin und her zu schalten, kann das Flächenträgheitsmoment gezielt eingestellt und die Biegenachgiebigkeit verändert werden.

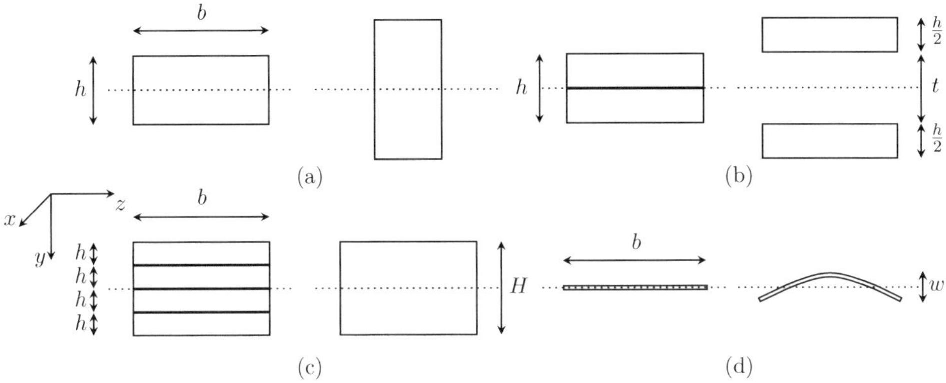

Abbildung 3.4: Möglichkeiten zur Variation des Flächenträgheitsmoments verschiedener Balkenquerschnitte. (a) Drehung des Balkenquerschnitts, (b) Veränderung der Querschnittsdicke, (c) Veränderung der Schichthaftung, (d) Veränderung der Querschnittskontur

3.3.1 DREHUNG DES BALKENQUERSCHNITTS

Abbildung 3.4a zeigt einen rechteckigen Querschnitt der Höhe h und Breite b. Je nachdem, um welche der beiden Hauptachsen dieser Querschnitt gebogen wird, weist er unterschiedliche Flächenträgheitsmomente auf (siehe Gleichung (3.9)). Zum Umschalten zwischen beiden Zuständen wird der Balken um seine x-Achse gedreht. Das maximale Verhältnis zwischen beiden Flächenträgheitsmomenten ist

$$\frac{I_{\text{max}}}{I_{\text{min}}} = \frac{hb^3}{12}\frac{12}{bh^3} = \left(\frac{b}{h}\right)^2, \text{ für } b > h. \tag{3.10}$$

Mit einem beispielhaften Verhältnis von $\frac{b}{h} = \frac{2}{1}$ ergibt sich ein Verhältnis $\frac{I_{\text{max}}}{I_{\text{min}}} = 4$. Ist ein Balken demnach doppelt so breit wie hoch, kann durch eine 90°-Drehung das Flächenträgheitsmoment auf den Faktor 4 erhöht bzw. verringert werden. Für den Aufbau mechanischer Komponenten ist dieser Ansatz konstruktiv schwierig, da sich der gesamte Querschnitt drehen lassen muss

3.3.2 VERÄNDERUNG DER QUERSCHNITTSDICKE

Der Balkenquerschnitt der Anordnung von Abbildung 3.4b besteht aus zwei einzelnen Balken, die übereinander angeordnet sind und sich in y-Richtung auseinander schieben lassen. Durch zusätzliche mechanische Strukturen zwischen den Balkenteilen muss sichergestellt werden, dass sich die beiden Balkenhälften in x-Richtung nicht relativ gegeneinander verschieben können. Das Verhältnis der Flächenträgheitsmomente beträgt dann in Abhängigkeit von der Größe des Zwischenraums t gemäß der Gleichung (3.9)

$$\frac{I_{\text{max}}}{I_{\text{min}}} = \frac{b((h+t)^3 - t^3)}{12}\frac{12}{bh^3} = 1 + 3\left(\frac{ht + t^2}{h^2}\right). \tag{3.11}$$

Werden die Balkenhälften um $t = h$ auseinander gefahren, erhöht sich das Flächenträgheitsmoment auf den Faktor 7, bei $t = 2h$ auf den Faktor 19. Aus diesen Beispielrechnungen wird deutlich, dass hier das Flächenträgheitsmoment gegenüber dem Fall von Abbildung 3.4a (Abschnitt 3.3.1) wesentlich stärker beeinflusst werden kann. Nachteilig ist jedoch auch in diesem Fall, dass die Integration eines solchen Systems in ein mechanisches Bauteil schwierig ist, da sich die äußeren Abmaße durch die Vergrößerung der Höhe stark verändern.

3.3.3 VERÄNDERUNG DER KRAFTÜBERTRAGUNG

Abbildung 3.4c zeigt einen geschichteten Balken, der aus mehreren dünnen, übereinander angeordneten Balkenschichten besteht. Diese können sich im biegeweichen Zustand unabhängig voneinander bewegen und bei Biegung des Balkens ungehindert übereinander gleiten. In diesem Fall berechnet sich das Flächenträgheitsmoment I_{min} der Struktur – unter Vernachlässigung der Reibung zwischen den Schichten – als Summe der Flächenträgheitsmomente I_0 der einzelnen dünnen Balken. Da jede einzelne Schicht eine eigene neutrale Faser ausbildet, kann das System als Quasi-Parallelschaltung mehrerer Biegefedern betrachtet werden.
Im biegesteifen Zustand sind die einzelnen Schichten fest miteinander verbunden und können nicht übereinander gleiten. Dadurch bildet sich nur noch eine neutrale Faser aus. Der Balken kann somit wie ein massiver Balken der Höhe H betrachtet werden. Ist N die Anzahl der Schichten im unverbunden Zustand, ergibt sich für das Trägheitsverhältnis

$$\frac{I_{\text{max}}}{I_{\text{min}}} = \frac{b(Nh)^3}{12}\frac{12}{Nbh^3} = N^2. \tag{3.12}$$

Das Verhältnis der Flächenträgheitsmomente im steifsten (I_{max}) und nachgiebigsten Zustand (I_{min}) hängt damit ausschließlich von der Anzahl der übereinander angeordneten Schichten ab, nicht von deren Abmaßen oder Form. Bei $N = 10$ Schichten ließe sich dann die Steifigkeit einer solchen Struktur auf den Faktor $\frac{k_{\text{max}}}{k_{\text{min}}} = 100$ ändern. Ziel ist es, das Gleitverhalten zwischen den Einzelschichten innerhalb der Struktur selbst zu variieren, um den Bauraum des Biegebalkens während des Betriebs nicht zu verändern. Damit eignet sich dieser Ansatz hervorragend, um in realen Konstruktionen eingesetzt zu werden, da ein Bauteil auf Basis eines Mehrschichtstapels in allen Zuständen konstante äußere Abmaße aufweist.

3.3.4 VERÄNDERUNG DER QUERSCHNITTSKONTUR

Die Variante von Abbildung 3.4d nutzt eine Verkrümmung eines dünnen Balkenquerschnitts. Ein dünner flächiger Balken hat im Grundzustand ein sehr geringes Flächenträgheitsmoment. Durch ein Ausbeulen in Folge einer äußeren Kraft wird der Querschnitt verformt und das Flächenträgheitsmoment erhöht. Das Verhältnis $\frac{I_{\text{max}}}{I_{\text{min}}}$ zwischen minimalem und maximalem Flächenträgheitsmoment ist von der Auslenkung u, dem Verhältnis von Breite b zu Höhe h des geraden Referenzquerschnitts und der Form der sich einstellenden Beule abhängig. Wegen des komplexen Zusammenhangs der verschiedenen Einflussgrößen wird an dieser Stelle auf eine Ableitung einer Gleichung für $\frac{I_{\text{max}}}{I_{\text{min}}}$ verzichtet.

3.3.5 VARIANTENVERGLEICH

Prinzipiell eignen sich sämtliche in den Abschnitten 3.3.1 bis 3.3.4 erläuterte Ansätze, um Biegebalken mit steuerbar veränderlicher Biegenachgiebigkeit zu realisieren. Sie unterscheiden sich aber erheblich im konstruktiven Aufwand und in der Möglichkeit, einfach in reale Bauteile integriert zu werden. Tabelle 3.1 vergleicht die vier Varianten hinsichtlich ihrer Eigenschaften sowie ihrer Vor- und Nachteile.

Tabelle 3.1: Vergleich der Ansätze von Abbildung 3.4 zur Variation des Flächenträgheitsmomentes von Biegebalken.

Prinzip	$\frac{I_{\text{max}}}{I_{\text{min}}}$	Konstruktiver Aufwand*	Vorteile	Nachteile
Querschnittsdrehung (Abbildung 3.4a, Abschnitt 3.3.1)	1 ... 10	o	Einfacher Aufbau	Externer Rotationsantrieb notwendig, schwierige Lasteinleitung
Dickenänderung (Abbildung 3.4b, Abschnitt 3.3.2)	1 ... 5	–	Im Vergleich zur Variante von Abbildung 3.4c nur zwei Schichten notwendig	Balkenteile dürfen nicht gegeneinander gleiten, Einspannung problematisch, Abstandsregelung problematisch
Änderung der Kraftübertragung (Abbildung 3.4c, Abschnitt 3.3.3)	>100	++	Einfacher Aufbau, zahlreiche Steuermöglichkeiten	Erzeugung ausreichend großer Kräfte problematisch
Konturänderung (Abbildung 3.4d, Abschnitt 3.3.4)	10 ... 100	o	Große Nachgiebigkeitsänderung, einfaches Prinzip	Schwierige konstruktive Umsetzung

∗ – sehr schlecht, - schlecht, o mäßig, + gut, ++ sehr gut geeignet

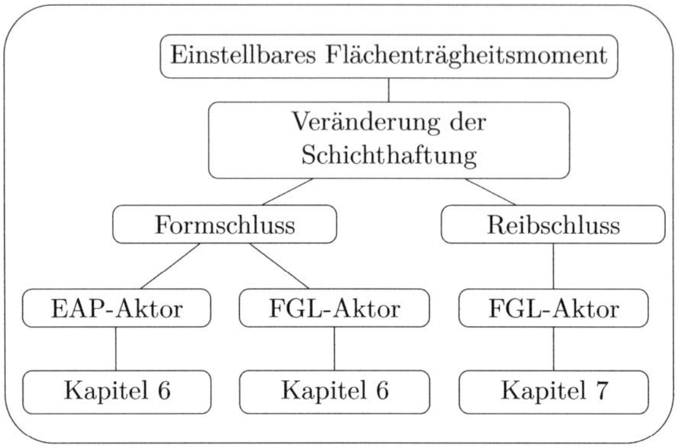

Abbildung 3.5: Übersicht über die im Rahmen der Arbeit entwickelten und aufgebauten Demonstratoren: EAP - elektroaktives Polymer, FGL - Formgedächtnislegierung

3.4 AUSGEWÄHLTE VARIANTEN ZUR EINSTELLUNG DER BIEGESTEIFIGKEIT

In der vorliegenden Arbeit wurden mehrere Ansätze für Biegebalken mit veränderlicher Biegenachgiebigkeit untersucht. Aufbauend auf den in Abbildung 3.4 dargestellten Möglichkeiten zur Variation des Flächenträgheitsmoments wurden sowohl Biegebalken mit veränderlicher Kraftübertragung als auch solche mit strukturellen Veränderungen untersucht. Abbildung 3.5 gibt einen Überblick über alle in dieser Arbeit untersuchten Ansätze. Aufgrund des einfachen Aufbaus und der Möglichkeit, das Flächenträgheitsmoment in einem sehr großen Bereich zu variieren, wurden zwei Biegebalken mit veränderlicher Kraftübertragung entwickelt. Dazu werden mehrere Balkenschichten übereinander angeordnet.

- Im ersten Ansatz wird die Kraftübertragung mittels Formschluss gesteuert. Beim Formschluss wird das Gleitverhalten mehrerer einzelner Schichten gegeneinander durch formschlüssige Verbindungselemente (Zähne und Lücken) eingestellt. Dazu werden planare Aktoren, die entweder von elektroaktiven Polymeren (EAP) oder mit Drähten aus Formgedächtnislegierungen (FGL) angetrieben werden, verwendet.
- Der zweite Ansatz verwendet einen FGL-Draht als Quelle für einen reibungsgesteuerten Aufbau. Beim Reibschluss wird das Gleitverhalten zwischen den Schichten über eine äußere Reibkraft eingestellt.

Der formschlussbasierte Ansatz hat gegenüber den reibschlussbasierten Ansätzen aus Kapitel 2 sowohl Vor- als auch Nachteile. Der entscheidende Vorteil liegt darin, dass ein Formschluss zuverlässiger als ein Reibschluss ist, da formschlüssige Verbindungen keine großen Kräfte erzeugen müssen, um große Schubspannungen übertragen zu können. Die entwickelten Formschlussaktoren benötigen daher zwar keine großen Stellkräfte, müssen aber große Bewegungen erzeugen können, da die zulässige Scherspannung im Formschluss von der Fläche des Formschlusses abhängig ist. Ein weiterer Vorteil ist, dass sich sämtliche

Komponenten zur Nachgiebigkeitssteuerung im Inneren des Aufbaus befinden und keine externen mechanischen Komponenten notwendig sind. Das ist von großem Vorteil, um solche Bauteile in praktische Konstruktionen zu integrieren.
Der größte Nachteil des formschlussbasierten Schichtstapels sind allerdings die zu integrierenden Aktoren. Diese erhöhen den Konstruktionsaufwand enorm und stellen die aufwendigsten mechanischen Komponenten der Gesamtstruktur dar.

4 AKTORKONZEPTE ZUR EINSTELLUNG DER BIEGESTEIFIGKEIT

Für die in dieser Arbeit untersuchten Mehrschicht-Biegebalken mit steuerbarer Kraftübertragung bzw. Strukturveränderung (Abbildung 3.5) werden Aktoren benötigt, die

- ein kleines Bauvolumen aufweisen, d.h. beispielsweise so flach sind, dass sie sich zwischen den Balkenschichten integrieren lassen,
- schnell ansteuerbar sind,
- entweder hinreichend große Stellwege für einen Formschluss oder hinreichend große Kräfte für einen Kraftschluss generieren können.

Klassische elektrodynamische oder elektromagnetische Antriebe scheiden wegen des großen Bauvolumens aus, pneumatische oder hydraulische wegen der erforderlichen Zusatzkomponenten, elektrostatische wegen der zu geringen Antriebskraft.
Wegen ihrer hohen Energiedichten eignen sich insbesondere Festkörperaktoren auf Basis dielektrischer Elastomere und Formgedächtnislegierungen [3]. Dielektrische Elastomeraktoren für Aktoren mit großen Stellwegen sind besonders vorteilhaft, da diese sehr flach ausgeführt werden können und große Stellwege erreichen [55].
Als Antrieb mit großen Kräften wurden trainierte Formgedächtnislegierungsdrähte ausgewählt, die bei Erwärmung ihre Länge um bis zu 5 % verkürzen können und durchmesserabhängig große Kräfte in der Größenordnung bis zu einigen 100 N erzeugen können.

4.1 ELEKTROAKTIVE POLYMERE

Dielektrische Elastomer-Aktoren (DEAs) sind Elastomere, die im elektrischen Feld ihre Form ändern und oft einfach als (elektrische/elektronische) elektroaktive Polymere (EAPs) bezeichnet werden, obwohl diese Materialklasse eine Vielzahl verschiedener Materialien umfasst [3]. Ein DEA besteht aus einer möglichst hyperelastischen oder hyper-viskoelastischen Polymerfolie (meistens aus Silikon oder Acrylat) und nachgiebigen Elektroden auf der

Ober- und Unterseite (Abbildung 4.1a). Wird an den Elektroden eine elektrische Spannung angelegt, ziehen sich die Ladungsträger auf den gegenüberliegenden Elektroden an und erzeugen eine MAXWELL-Spannung. Dadurch wird das Polymer zwischen den Elektroden zusammengepresst.
Aus Gründen der Querkontraktion dehnt sich das Material in x_1- und x_2-Richtung aus (Abbildung 4.1b). Der DEA verringert seine Höhe, wird dafür jedoch länger und breiter. Dabei können sehr große Deformationen erzeugt werden. So wurden Flächendehnungen von 1692 % nachgewiesen [46]. Hinreichend große Dehnungen von mehr als10 % erfordern je nach verwendetem Material elektrische Spannungen von einigen kV.

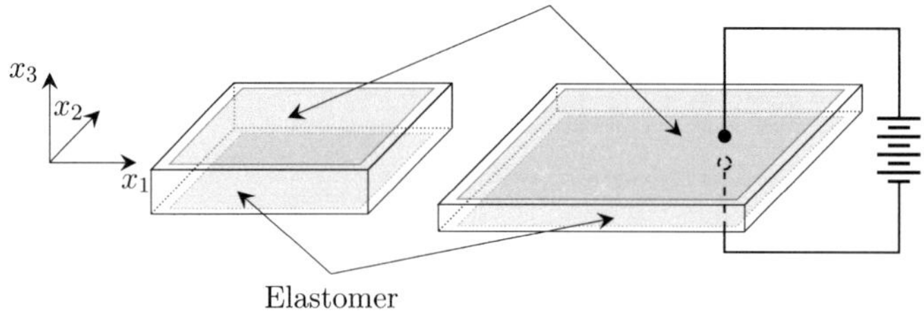

Abbildung 4.1: Funktionsprinzip eines dielelektrischen Elastomeraktors. (a) Grundzustand, (b) Deformation unter Einfluss einer Hochspannung (nach [56])

4.1.1 FUNKTIONSWEISE DIELEKTRISCHER ELASTOMERE

In DEAs sind die mechanischen (Dehnung ε und Spannung σ bzw. Deformation u und Kraft F) und die elektrischen Größen (elektrische Feldstärke E und Polarisation D bzw. Spannung U und Stromstärke I) komplex gekoppelt [72, 75–79]. Aufgrund der großen Verformungen und der komplexen Materialgesetze sind die Kopplungen nichtlinear.
Im Folgenden sollen kurz die grundlegenden kontinuumsmechanischen Zusammenhänge dargestellt werden, soweit sie für das Verständnis in der weiteren Arbeit notwendig sind. Grundlage hierfür stellen die Betrachtungen in [32] dar.
DEAs weisen große Verformungen auf, zu deren Beschreibung hyperelastische Materialmodelle notwendig sind [76]. Hierzu muss der dreidimensionale Verformungszustand beschrieben werden. Dazu dient der Deformationsgradient $\mathbf{F}$[1]. Abbildung 4.2 zeigt einen homogenen Körper im Ausgangszustand (Ausgangskonfiguration) zum Zeitpunkt $t_0 = 0$ und im deformierten Zustand (Momentankonfiguration) zu einem bestimmten Zeitpunkt t. Liegen zwei Teilchen innerhalb dieses Körpers in der Ausgangskonfiguration an den Punkten A und B, werden diese durch die Ortsvektoren $\vec{X}$[2] und $\vec{X} + \mathrm{d}\vec{X}$ beschrieben, wenn $\mathrm{d}\vec{X}$ der Abstandsvektor zwischen beiden Punkten ist. In der Momentankonfiguration liegen beide Teilchen an den Punkten a und b, die durch die Vektoren $\vec{x}$ und $\vec{x} + \mathrm{d}\vec{x}$ beschrieben werden und einen Abstand von $\mathrm{d}\vec{x}$ haben.

[1] $\mathbf{F}$ - Tensor II. Stufe
[2] $\vec{X}$ - Vektor

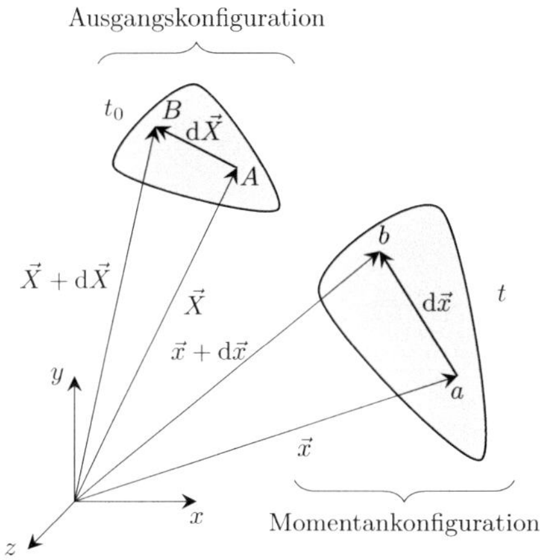

Abbildung 4.2: Deformation eines homogenen Körpers in der Ausgangs- und Momentankonfiguration

Um die Deformation im Körper lokal zu beschreiben, wird der Deformationsgradiententensor $\mathbf{F}$ verwendet. Er beschreibt den Zusammenhang zwischen dem Vektor $\mathrm{d}\vec{x}$ und $\mathrm{d}\vec{X}$ [32]:

$$\mathrm{d}\vec{x} \;=\; \mathbf{F}\mathrm{d}\vec{X}. \tag{4.1}$$

Dabei ist

$$\mathbf{F} \;=\; \frac{\partial \vec{x}}{\partial \vec{X}}, \quad F_{ij} \;=\; \frac{\partial x_i}{\partial X_j}; \;\; i,\ j \;=\; 1,\ 2,\ 3, \tag{4.2}$$

ein Tensor zweiter Stufe. Die einzelnen Einträge im Deformationsgradiententensor sind die partiellen Ableitungen der Koordinaten der Momentankonfiguration nach denen der Referenzkonfiguration und ergeben die Streckungen $\lambda_{i,j}$ des Materials:

$$\mathbf{F} \;=\; \begin{pmatrix} \frac{\partial x_1}{\partial X_1} & \frac{\partial x_1}{\partial X_2} & \frac{\partial x_1}{\partial X_3} \\ \frac{\partial x_2}{\partial X_1} & \frac{\partial x_2}{\partial X_2} & \frac{\partial x_2}{\partial X_3} \\ \frac{\partial x_3}{\partial X_1} & \frac{\partial x_3}{\partial X_2} & \frac{\partial x_3}{\partial X_3} \end{pmatrix} \;=\; \begin{pmatrix} \lambda_{11} & \lambda_{12} & \lambda_{13} \\ \lambda_{21} & \lambda_{22} & \lambda_{23} \\ \lambda_{31} & \lambda_{32} & \lambda_{33} \end{pmatrix}. \tag{4.3}$$

Im Hauptachsensystem, in dem nur die Streckungen λ_1, λ_2, λ_3 in den drei Hauptachsen x_1, x_2 und x_3 existieren, vereinfacht sich dieser Tensor zu

$$\mathbf{F} \;=\; \begin{pmatrix} \lambda_1 & 0 & 0 \\ 0 & \lambda_2 & 0 \\ 0 & 0 & \lambda_3 \end{pmatrix}. \tag{4.4}$$

Aus dem Deformationsgradiententensor **F** werden die Deformationstensoren bestimmt. Dabei existiert ein rechter und ein linker CAUCHY-GREEN-Tensor (**C** und ein **b**):

$$\mathbf{C} = \mathbf{F}^T \mathbf{F}, \tag{4.5}$$

$$\mathbf{b} = \mathbf{F} \mathbf{F}^T. \tag{4.6}$$

Beide sind vom Deformationszustand abhängig. Für kleine Verformungen und ingenieurtechnische Anwendungen können diese Tensoren in die klassischen Verzerrungstensoren nach GREEN-LAGRANGE oder EULER-ALMANSI überführt werden. Zur Beschreibung hyperelastischer Materialien mit großen Verformungen sind diese für eine Beschreibung des Spannungszustands allerdings nicht zweckmäßig. Das nichtlineare Verformungsverhalten lässt sich jedoch analytisch mit Hilfe der Verzerrungsenergiedichtefunktionen $\Psi(\mathbf{C})$ bzw. $\Psi(\mathbf{b})$, deren Werte vom Deformationszustand abhängig sind, sehr gut beschreiben [32]. Mit Hilfe dieser Funktion wird der zweite PIOLA-KIRCHHOFF-Tensor

$$\mathbf{S} = 2\frac{\partial\Psi(\mathbf{C})}{\partial\mathbf{C}}, \tag{4.7}$$

definiert. Aus diesem lässt sich der Spannungszustand in einem hyperelastischen Körper berechnen. Der Spannungstensor σ ist

$$\boldsymbol{\sigma} = 2J^{-1}\mathbf{F}\mathbf{S}\mathbf{F}^T = 2J^{-1}\mathbf{F}\frac{\partial\Psi(\mathbf{C})}{\partial\mathbf{C}}\mathbf{F}^T, \tag{4.8}$$

wobei J die Determinante det **F** des Deformationsgradiententensors ist. Es gibt verschiedene Verzerrungsenergiedichtefunktionen, die für bestimmte Polymere in bestimmten Streckungsbereichen mehr oder minder gute Ergebnisse liefern. Allen diesen Funktionen ist allerdings gemein, dass sie nicht direkt von **C** oder **b** abhängig sind, sondern von deren Invarianten I_1, I_2, I_3. Damit ist $\Psi(\mathbf{C}) = \Psi(I_1, I_2, I_3)$, wenn

$$I_1 = \mathrm{tr}(\mathbf{C}), \tag{4.9}$$

$$I_2 = \frac{1}{2}\left((\mathrm{tr}(\mathbf{C}))^2 - \mathrm{tr}(\mathbf{C}^2)\right), \tag{4.10}$$

$$I_3 = \det(\mathbf{C}). \tag{4.11}$$

Daraus ergibt sich, dass Ψ nicht direkt nach **C** abgeleitet werden kann. Mit Hilfe der Kettenregel und einigen Umformungen (siehe Anhang A.1.1) ergibt sich für den Spannungstensor:

$$\boldsymbol{\sigma} = 2J^{-1}\left[I_3\frac{\partial\Psi}{\partial I_3}\mathbf{I} + \left(\frac{\partial\Psi}{\partial I_1} + I_1\frac{\partial\Psi}{\partial I_2}\right)\mathbf{b} - \frac{\partial\Psi}{\partial I_2}\mathbf{b}^2\right]. \tag{4.12}$$

Alle im Rahmen dieser Arbeit betrachteten Polymere können in guter Nährung als inkompressibel angesehen werden. Aufgrund der Volumenkonstanz

$$J \quad = \quad \det \mathbf{F} \quad = \quad \lambda_1 \lambda_2 \lambda_3 \quad = \quad 1 \tag{4.13}$$

muss deshalb die Verzerrungsenergiedichtefunktion um einen zusätzlichen Term p, den hydrostatischen Druck, erweitert werden [32]. Der hydrostatische Druck dient als LAGRANGE-Multiplikator. Somit bleiben nur I_1 und I_2 als unabhängige Invarianten übrig. Die Verzerrungsenergiedichtefunktion wird nach [32] in diesem Fall zu

$$\Psi \quad = \quad \Psi\left(I_1(\mathbf{b}), I_2(\mathbf{b})\right) - \frac{1}{2}\, p\, (I_3 - 1). \tag{4.14}$$

Dieser Ansatz führt mittels der Ableitungen aus Anhang A.1.1 auf den Spannungstensor eines hyperelastischen Polymers in Abhängigkeit vom Verformungszustand:

$$\boldsymbol{\sigma} \quad = \quad -p\mathbf{I} + \left(\frac{\partial \Psi}{\partial I_1} + I_1 \frac{\partial \Psi}{\partial I_2}\right)\mathbf{b} - \frac{\partial \Psi}{\partial I_2}\mathbf{b}^2. \tag{4.15}$$

Aus dem Kräftegleichgewicht am Polymer kann die Beziehung zwischen den äußeren, auf das elektroaktive Polymer wirkenden mechanischen Spannungen $\boldsymbol{\sigma}_{\text{ext}}$, der elektrisch induzierten MAXWELL-Spannung $\boldsymbol{\sigma}_{\text{MAXW}}$ und den intrinsischen mechanischen Spannungen des Polymers $\boldsymbol{\sigma}_{\text{pol}}$ abgeleitet werden:

$$\boldsymbol{\sigma}_{\text{pol}} + \boldsymbol{\sigma}_{\text{MAXW}} \quad = \quad \boldsymbol{\sigma}_{\text{ext}}. \tag{4.16}$$

Dieses Gleichungssystem ist in der Lage, das Verhalten eines dielektrischen Elastomeraktors zu beschreiben. Idealerweise werden DEAs als dünne Membranen in einem Hauptspannungszustand betrieben. Dazu wird die Elastomerfolie (Abbildung 4.3) in x_1- und x_2-Richtung um $\lambda_{1\,0}$ und $\lambda_{2\,0}$ vorgespannt. Dadurch entsteht eine biaxiale Vorspannung, die notwendig ist, um große Dehnungen zu erzeugen [3]. Die eigentliche Verlängerung des DEAs erfolgt infolge der MAXWELL-Spannung σ_{MAXW}.

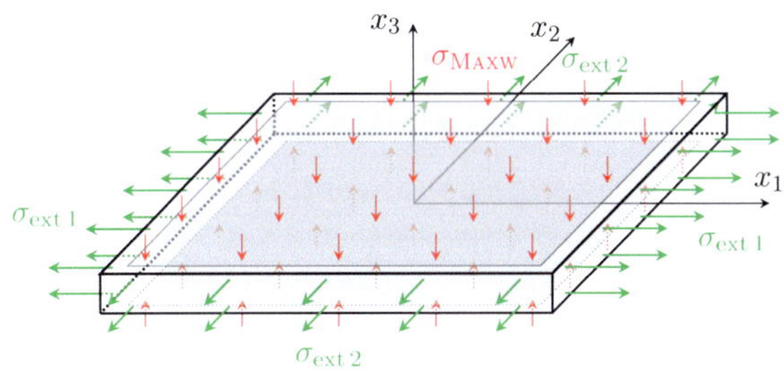

Abbildung 4.3: Dielektrischer Elastomeraktor im funktionellen Spannungszustand

Der DEA in Abbildung 4.3 befindet sich im aktivierten Zustand. In diesem Beispiel treten die externen Spannungen ($\sigma_{1\,\text{ext}}$ und $\sigma_{2\,\text{ext}}$) nur entlang der Hauptachsen x_1 und x_2 auf. Die MAXWELL-Spannung hat nur eine Komponente in x_3-Richtung. Im Polymer ergibt sich dadurch ein dreiachsiger Hauptspannungszustand mit den Komponenten $\sigma_{\text{pol}\,1}$, $\sigma_{\text{pol}\,2}$ und $\sigma_{\text{pol}\,3}$. Mit diesen Spannungen lassen sich die drei Tensoren aus Gleichung (4.16) als Gleichungssystem

$$\begin{pmatrix} \sigma_{\text{pol}\,1} & 0 & 0 \\ 0 & \sigma_{\text{pol}\,2} & 0 \\ 0 & 0 & \sigma_{\text{pol}\,3} \end{pmatrix} + \begin{pmatrix} 0 & 0 & 0 \\ 0 & 0 & 0 \\ 0 & 0 & -\sigma_{\text{Maxw}} \end{pmatrix} = \begin{pmatrix} \sigma_{1\,\text{ext}} & 0 & 0 \\ 0 & \sigma_{2\,\text{ext}} & 0 \\ 0 & 0 & 0 \end{pmatrix}, \tag{4.17}$$

darstellen. Die MAXWELL-Spannung hängt von der angelegten elektrischen Feldstärke E ab und kann aus der auf den Elektroden gespeicherten Ladungsenergie über die angelegte elektrische Spannung U, die Dicke d_3 des Elastomers und die Permittivität ε berechnet werden. Dabei existieren in der Literatur zwei Definitionen. Eine erste, gebräuchlichere Variante nach [56]:

$$\sigma_{\text{Maxw}} = \varepsilon_0 \varepsilon_r E^2 = \varepsilon_0 \varepsilon_r \left(\frac{U}{d_3}\right)^2. \tag{4.18}$$

Eine zweite nach [40]:

$$\sigma_{\text{Maxw}} = \frac{\varepsilon_0 \varepsilon_r}{2} E^2 = \varepsilon_0 \varepsilon_r \left(\frac{U}{d_3}\right)^2. \tag{4.19}$$

Je nach dem welche Variante verwendet wird, unterscheiden sich die Ergebnisse stark. Auf Grund der Verbreitung der ersten Definition, wird im Folgenden diese verwendet.
Mit den Gleichungen (4.17) und (4.19) lässt sich über die Definition des Polymer-Spannungstensors (Gleichung (4.15)) und unter Beachtung der Definition der Invarianten I_1, I_2 und I_3 nach Gleichungen (4.9) bis (4.11) der Zusammenhang zwischen den Hauptstreckungen λ_1 bis λ_3 herleiten. Dieser Zusammenhang ergibt sich aus den jeweils verwendeten Verzerrungsenergiedichtefunktionen Ψ und beschreibt die Kopplung zwischen den externen mechanischen Spannungen und der MAXWELL-Spannung. Daraus lassen sich die Streckungen in Abhängigkeit von der angelegten elektrischen Spannung U und der Vorstreckungen $\lambda_{1\,0}$ und $\lambda_{2\,0}$ als $\lambda_{\text{i}}(U, \lambda_{1\,0}, \lambda_{2\,0})$ für (i=1, 2, 3) berechnen.
Für einen Fall wie in der Abbildung 4.3, in dem nur Hauptspannungen auftreten, lässt sich das Verhalten des Aktors analytisch berechnen. Für komplexere Systeme, in denen nicht nur Hauptspannungen auftreten, muss das Gleichungssystem (4.17) in ein Finite-Elemente-Simulationsprogramm implementiert und numerisch gelöst werden.
Um ein dielektrisches Elastomer als realen Aktor zu verwenden, reicht das Polymer mit den Elektroden im Allgemeinen nicht aus, da ein realer Aktor mechanische Bewegungen ausführen oder Kräfte erzeugen muss. Ein dielektrisches Elastomer selbst ist jedoch mechanisch sehr instabil und soll daher für einen realen Einsatz mit einer starren Struktur kombiniert werden, die jedoch die großen Stellwege des Polymers nicht behindert. Oft kommt es aber vor, dass die steifen Rahmenstrukturen die Bewegung des Polymers einschränken und sich die maximalen Stellwege verringern. Aus diesem Grund wurde in der Vergangenheit eine

Vielzahl von Aktoren für elektroaktive Polymere entwickelt und untersucht. Eine Übersicht über klassische Bauformen von EAP-Aktoren wird in [8] gegeben.

4.1.2 MATERIALAUSWAHL

Bisher haben zwei Arten von DEAs größere technische Bedeutung erlangt [62]:

- Silikone zeichnen sich durch eine hohe Langzeitstabilität, niedrige Viskosität und schnelle Reaktionszeiten aus [61]. Die erreichbaren spannungsinduzierten Dehnungen sind im Vergleich mit Acryl-DEAs allerdings verhältnismäßig klein. Aufgrund der guten mechanischen Eigenschaften kommen Silikon-EAPs aber in den meisten der (zahlenmäßig jedoch geringen) derzeitigen Anwendungen im Industriemaßstab zum Einsatz. Die Firma SBM Offshore entwickelt derzeit einen Ozean-Wellen-Energie-Generator, der Silikon-DEAs zur Energieerzeugung nutzt [37].
- Im Labormaßstab und in experimentellen Prototypen dominiert ein doppelseitiges Acrylklebeband (VBH 4905/4910; Fa. 3M). Das Material eignet sich hervorragend zum Herstellen von Prototypen, da vorgespannte Membranen auch ohne zusätzlichen Klebstoff sehr gut an zahlreichen Materialien haften. Auch das Aufbringen von Elektroden ist durch die bereits vorhandenen Kleberschichten einfach möglich. Die erreichbaren Dehnungen sind wesentlich höher als bei Silikonen, allerdings ist das Material wesentlich viskoser und neigt stark zum Kriechen [46].

Im Rahmen dieser Arbeit wurden Aktoren auf Basis von kommerziell erhältlichen Silikon-DEAs und von VHB 4905 entwickelt, deren Eigenschaften einschließlich der Vor- und Nachteile in Tabelle 4.1 gegenübergestellt sind.
Für die ersten Untersuchungen wurden PolyPower-Folien (Fa. Danfoss PolyPower A/S, Nordborgvej, DK) verwendet. Im Gegensatz zum klassischen Aufbau eines DEAs (Abbildung 4.3) weisen diese eine besondere Elektrodenstruktur auf. Die Ober- und Unterseite der 80 µm dicken Polymerfolie sind in einer Richtung sinusförmig strukturiert. Auf diese strukturierten Oberflächen ist eine dünne Silberschicht aufgedampft (Abbildung 4.4). Die Silberelektroden sind im Vergleich zu dem verwendeten Polymer etwa 50 mal steifer. Durch die spezielle Strukturierung kann sich der DEA nur entlang der Sinuswelle verlängern (x_1-Richtung), eine Bewegung in x_2-Richtung ist durch die steifen Elektroden gesperrt. Bei solchen DEAs treten nur die Streckungen λ_1 und λ_3 auf. λ_2 ist im Bereich der zulässigen Streckungen immer null. Die maximale Streckung λ_1 ist erreicht, wenn die Sinuswelle komplett gestreckt und flach ist.
Um die Silikon-EAP-Folien in einem Aktor zu befestigen, muss ein spezielles Silikonklebeband (Scotch 9731; Fa. 3M, Neuss, GER) verwendet werden. Das Klebeband ist auf einer Seite mit einem Silikonkleber und auf der anderen Seite mit einem Acrykleber ausgestattet und erlaubt damit das direkte Einkleben der Silikonfolien in einen Aktor.
Die elektrischen Anschlüsse des EAPs bilden dünne Bahnen aus Aluminiumfolie, die ebenfalls mit Klebeband befestigt werden. Um elektrische Überschläge an den Rändern der EAP-Folien zu verhindern, wurde die Silberelektrode im Randbereich auf einer Breite von 1 ... 2 mm mit Chlorbleiche (6 %-ige NaOCl-Lösung) entfernt.

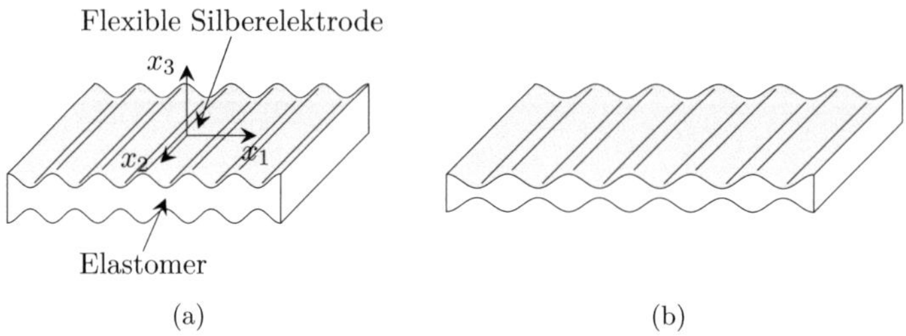

Abbildung 4.4: Schematischer Aufbau einer Polypower-Folie von Dannfoss nach [5], a) im Ausgangszustand, b) im aktivierten Zustand

4.2 FORMGEDÄCHTNISLEGIERUNGEN

Formgedächtnislegierungen (FGL, engl.: Shape Memory Alloys - SMAs) sind nach [43] Legierungen, die in zwei unterschiedlichen Kristallstrukturen, den Phasen, existieren können und deren Kristallisationszustand temperaturabhängig ist. Im Folgenden wird die Funktionsweise solcher Legierungen kurz insoweit beschrieben, wie es für das Verständnis der Arbeit notwendig ist. Für eine weiterführende Erläuterung des Formgedächtniseffekts sei auf die Fachliteratur, z.B. [43] verwiesen.

4.2.1 DER FORMGEDÄCHTNISEFFEKT

Grundlegende Voraussetzung für das Auftreten eines Formgedächtniseffekts ist die Existenz einer reversiblen und diffusionslosen Phasenumwandlung, wie sie z.B. zwischen der austenitischen und martensitischen Kristallisationsphase auftritt. In der kubischen Hochtemperaturphase liegt die Legierung im Austenit, in der monoklinen Niedertemperaturphase im Martensit vor. Beide Phasen können in Folge mechanischer Spannungen oder Temperaturänderung ineinander übergehen (Abbildung 4.5).
Liegt ein Formgedächtnismaterial als Austenit vor und wird abgekühlt, entsteht eine verzwillingte Martensitstruktur (I) [38]. Die Temperatur M_s, ab der diese Umwandlung beginnt, wird als martensitische Starttemperatur, die Temperatur M_f bei der das vorher vorliegende Austenit vollständig umgewandelt worden ist, als martensitische Endtemperatur bezeichnet. Die Rückumwandlung beginnt und endet entsprechend bei den austenitischen Start- bzw. Endtemperaturen A_s bzw. A_f.
Zur Erklärung des Formgedächtniseffekts wird ein Stück FGL-Draht betrachtet, der sich vollständig im martensitischen Zustand befindet ($T < A_\mathrm{s}$). Nacheinander werden die folgenden Schritte durchlaufen (Abbildung 4.5):

- Durch eine äußere mechanische Spannung σ beginnt sich der verzwillingte Martensit elastisch zu dehnen (I). Ab einer bestimmten Spannung σ_s wird dieser entzwillingt. Dabei wachsen zur Spannung günstig orientierte Kristalle; ungünstig orientierte schrumpfen. Die einzelnen Umorientierungen laufen dabei bei nahezu gleicher mechanischer Spannung ab. Dadurch kann auch der Draht bei nahezu gleicher mechanischer

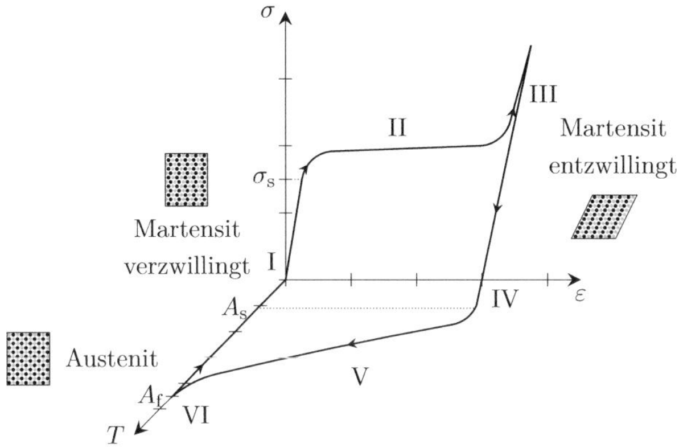

Abbildung 4.5: Temperatur-Spannungs-Dehnungs-Diagramm zur Erklärung des Formgedächtniseffekts für eine typisches NiTi-FGL nach [43]

Spannung sehr weit gedehnt werden. Das zeigt sich im so genannten Dehnungsplateau (II).

- Ist der Draht vollständig entzwillingt und wird weiter gedehnt, verhält er sich wieder elastisch (III). Bei einer Dehnung über diesen elastischen Bereich würde der Martensit plastisch verformt, was vermieden werden sollte. Daher wird meist nicht über das Plateau hinaus gedehnt.
- Wird die mechanische Spannung verringert, so verhält sich die Probe rein elastisch. Wird die äußere mechanische Spannung vollständig zu null gebracht, bleibt eine so genannte pseudoplastische Dehnung von ca. 5 ... 8 % erhalten (IV).
- Die so entstandene pseudoplastische Dehnung kann durch eine Erhöhung der Temperatur abgebaut werden (V). Ab $T > A_s$ beginnt sich der entzwillingte Martensit zurückzubilden und wandelt sich wieder in Austenit um. Bei A_f ist dieser Zustand vollständig abgeschlossen (VI).
- Eine anschließende Abkühlung unter A_s überführt den Kristall wieder in den Ausgangszustand (I).

4.2.2 VERSCHIEDENE FORMEN DES FORMGEDÄCHTNISEFFEKTES

Der Formgedächtniseffekt kann in verschiedenen Formen auftreten. Es wird zwischen Einwegeffekt, Zweiwegeffekt und pseudoelastischem Verhalten (auch Superelastizität) unterschieden, die im Folgenden kurz erklärt werden.

a. EINWEGEFFEKT

Der Einwegeffekt ist durch die Möglichkeit der Wiederherstellung einer zuvor thermomechanisch eingeprägten Gestalt aus einer pseudoplastischen Deformation im Martensit gekennzeichnet und läuft wie in Abschnitt 4.2.1 beschrieben ab. Eine mechanisch verformte Probe geht nach Erwärmung über ihre spezifische Umwandlungstemperatur in ihre ursprüngliche Gestalt zurück. Um den Effekt zu wiederholen, muss das Material erneut mechanisch verformt werden [44]. Nach [33] ist dieser Effekt bis zu 10^7-mal wiederholbar. Durch verschiedene Legierungszusammensetzungen lässt sich die erforderliche Temperatur A_S in einem großen Bereich an die jeweiligen Anforderungen anpassen.

b. ZWEIWEGEFFEKT

Beim Zweiwegeffekt wird ausgenutzt, dass sich durch mehrfaches thermomechanisches Vorbehandeln Ausscheidungen im Kristall bilden lassen, die das Wachstum bestimmter Martensit-Varianten begünstigen [38]. Dieses Verfahren wird als Training bezeichnet [53]. Es führt dazu, dass sich die Form des Bauteils auch beim Abkühlen ändert. Diese Änderung bildet sich beim Erwärmen und beim Übergang in den Austenit zurück. Das ermöglicht den nur durch die Temperatur bestimmten Übergang zwischen zwei Phasen. Die Stellwege sind dabei im Allgemeinen geringer als bei einem vergleichbaren Elementen auf Basis des Einwegeffektes [20].
Abbildung 4.6 zeigt den prinzipiellen Temperatur-Dehnungsverlauf eines trainierten FGL-Bauteils. Im kalten Zustand befindet sich das Bauteil in einer martensitischen Phase und verfügt über eine pseudoplastische Dehnung $\varepsilon_{\mathrm{pp}}$. Wird die Temperatur über A_s hinaus erhöht, geht das Bauteil in die austenitische Phase über. Dieser Vorgang ist bei $T = A_f$ abgeschlossen. Verringert sich die Temperatur, wechselt das Bauteil in die martensitische Phase, wodurch sich auch die ursprüngliche pseudoplastische Dehnung wiederherstellt. Durch diesen Effekt können FGL-Bauteile als reversible Aktoren mit zwei definierten Schaltzuständen und hoher Energiedichte eingesetzt werden [43].

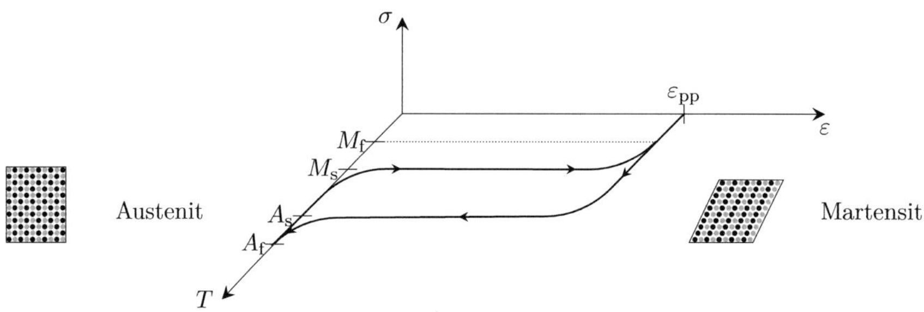

Abbildung 4.6: Temperatur-Dehnungsdiagramm des Zweiwegeffekts für eine typische NiTi-FGL (nach [38])

c. PSEUDOELASTISCHES VERHALTEN

Pseudoelastisches Verhalten tritt im Temperaturbereich $T > A_f$ bei FGL-Materialien auf, die vollständig in der austenitischen Phase vorliegen. Durch eine äußere mechanische Spannung kann nach Überschreiten des linearen Spannung-Dehnungsbereiches der austenitischen Phase spannungsinduziertes Martensit entstehen. Die für die Erzeugung des

Martensits nötige mechanische Spannung ist wie beim Einwegeffekt für alle Kornorientierungen nahezu konstant. Das führt zur Ausbildung des Spannungsplateaus. Ist die gesamte Kristallstruktur im martensitischen Zustand, schließt sich ein elastischer Bereich an.
Wird die mechanische Spannung verringert, bleibt, anders als beim Einwegeffekt, keine pseudoplastische Verformung erhalten, da der Kristall aufgrund der hohen Temperatur wieder in die austenitische Phase übergeht. Das geschieht mit einer stark ausgeprägten Hysterese. Diese macht FGLs, ebenso wie die große pseudoelastische Dehnung von 5 ... 8 % im pseudoelastischen Bereich, zu sehr guten mechanischen Dämpfern [38].

4.3 MATERIALAUSWAHL

Wie die elektroaktiven Polymere sollen auch die FGLs im Rahmen der vorliegenden Arbeit als Antrieb für Aktoren verwendet werden. Wichtigstes Auswahlkriterium ist dabei ein möglichst großer Stellweg. Vorteilhaft ist daneben bei FGLs die gleichzeitig auftretende große Kraft. Da zur Ansteuerung der Aktorelemente eine Temperaturänderung verwendet wird und die Formänderung reversibel ablaufen soll, kommen nur trainierte FGLs mit Zweiwegeffekt in Betracht. Für die Anwendung in den entwickelten Aktoren wurden daher aufgrund der guten kommerziellen Verfügbarkeit trainierte Draht- und Spiralfederaktoren aus dem Standardmaterial NiTi verwendet. Die Drahtaktoren sind beim Überschreiten der Aktivierungstemperatur T_g in der Lage, ihre Länge um bis zu 5 % zu verkürzen. Die Spiralfedern können ihre Federsteifigkeit und ihre Offsetkraft in einem weiten Bereich variieren und sich vom Mehrfachen ihrer Ausgangslänge wieder in diese zusammenziehen. Tabelle 4.2 zeigt die ausgewählten FGL-Bauteile und deren Eigenschaften.
Da die Aktoren möglichst schnell angesteuert werden sollen, ist eine möglichst hohe Aktivierungstemperatur von Vorteil. Unterstützt wird dies dadurch, dass zum schnellen Heizen problemlos hohe Stromstärken zur Verfügung gestellt werden können, während sich die Geschwindigkeit des Abkühlens nicht beeinflussen lässt. Aus diesem Grund wurden Legierungen mit $T_\mathrm{g} \approx 95\,^\circ\mathrm{C}$ ausgewählt. Je höher die Aktivierungstemperatur ist, umso höher ist gleichzeitig der Temperaturunterschied zur Umgebung und damit die Geschwindigkeit, mit der die FGL-Elemente wieder eine Temperatur unterhalb ihrer Aktivierungstemperatur erreichen.

Tabelle 4.1: Eigenschaften der in dieser Arbeit verwendeten DEAs

Typ	PolyPower [3, 5]	VHB 4905 [3]
Hersteller	Danfoss	3M
Polymersorte	Silikon (Wacker Elastosil 625 RT)	Acrylklebeband
Elektrodenmaterial	Silber (aufgedampft)	Kohlenstoffpaste (846 Carbon Gease von MG Chemicals)
Verformungszustand	zweiachsig (λ_1, λ_3)	dreiachsig (λ_1, λ_2, λ_3)
Vorspannung	einachsig ($\lambda_1 = 1..1{,}2$)	zweiachsig gleichmäßig ($\lambda_1 = \lambda_2 = 2..4$)
Betriebsspannung U in V	< 3000	< 5000
Maximale Verformung $\lambda_1(U_{\max})$	$< 1{,}05$	< 2
Vorteile	• Fertig verfügbar als Rollenmaterial • Einfache Handhabung • Kaum Viskosität und Kriechen • Stabile, trockene Elektrode • Einachsige Vorspannung	• Kostengünstig • Anpassung der Vorspannung möglich • Einfache Integration durch vorhandene Klebstoffflächen • Große Stellwege
Nachteile	• Sehr kleine Stellwege • Teuer • Elektrode muss an Schnittkanten entfernt werden • Zusätzliche Klebstoffe für Integration notwendig	• Zweiachsige Vorspannung • Schwierige Handhabung • Öliges Elektrodenmaterial • Viskoelastisch, neigt zum Kriechen • Langsame Reaktionszeiten

Tabelle 4.2: Eigenschaften der in dieser Arbeit verwendeten FGL Bauteile

Größe	Spiralfedern	Drahtaktoren (Rolle) [68]
Hersteller	Ingpuls GmbH, Bochum	Saes Getters, Lainate, IT
Dehnung ε in %	> 100	$3 \ldots 5$
Drahtdurchmesser d in mm	0,8	0,1 / 0,2 / 0,5
Mittlerer Federdurchmesser D in mm	≈ 6	-
Windungen	30	-
Betriebskraft F in N	< 2	$< 4{,}7$ / 19 / 42
Aktivierungstemperatur T_g in °C	≈ 95	≈ 95

5 MESSPLATZ

Um an elektroaktiven Polymeren hinreichend große Stellwege zu erreichen, sind typischerweise Spannungen von mehreren kV erforderlich. Diese stellen spezielle Sicherheitsanforderungen. Deshalb wurde ein Messplatz aufgebaut, mit dem alle für die Arbeit erforderlichen Messungen durchgeführt werden können:

- Messung kraftabhängiger Verformungen $u(F, U)$ und $u(F, I)$ zur Bestimmung der Steifigkeit der entwickelten Konstruktionselemente unter Beachtung der jeweiligen Steuergröße.
- Messung der spannungsabhängigen Verlängerung $u(U)$ und Blockierkraft $F_{\mathrm{block}}(U)$ von EAP-getriebenen Aktoren in Abhängigkeit von der angelegten elektrischen Spannung.
- Messung von flächigen Verformungen $\Delta A(U)$ nachgiebiger Elektroden an EAPs.
- Messung der stromabhängigen Verlängerung $u(I)$ und der Blockierkraft $F_{\mathrm{max}}(I)$ von FGL-getriebenen Aktoren in Abhängigkeit vom Stromfluss.

Der Messplatz sollte modular aufgebaut sein, damit die unterschiedlichen Messaufgaben durch einfache Modifikationen der Komponenten erreichbar sind.

5.1 AUFBAU DES MESSPLATZES

Zur Vermeidung von Hochspannungsunfällen sollen sich alle wichtigen Messgeräte und die Hochspannungsquelle innerhalb eines abgeschlossenen Versuchsraumes befinden und von außen mit einem Computer gesteuert werden können.
Der entwickelte Versuchsstand ist in Abbildung 5.1 dargestellt. Er hat eine Grundfläche von 60 x 90 cm^2, die von einer Lochrasterplatte (MB6090/M; Fa. Thorlabs, Newton) gebildet wird. Diese dient als Fundament für den modularen Versuchsaufbau, da so alle nötigen Komponenten schnell und einfach befestigt werden können. Zur Vermeidung von Unfällen durch die Hochspannung ist der Versuchsraum von einer Schutzhülle umgeben. Diese

besteht aus 4,0 mm starken, durchsichtigen Plexiglasplatten, die mittels Gummidichtungen in den Rahmen aus Aluminiumprofilen (Profil 6, 30x30; Fa. Item, Nossen) eingesetzt sind.

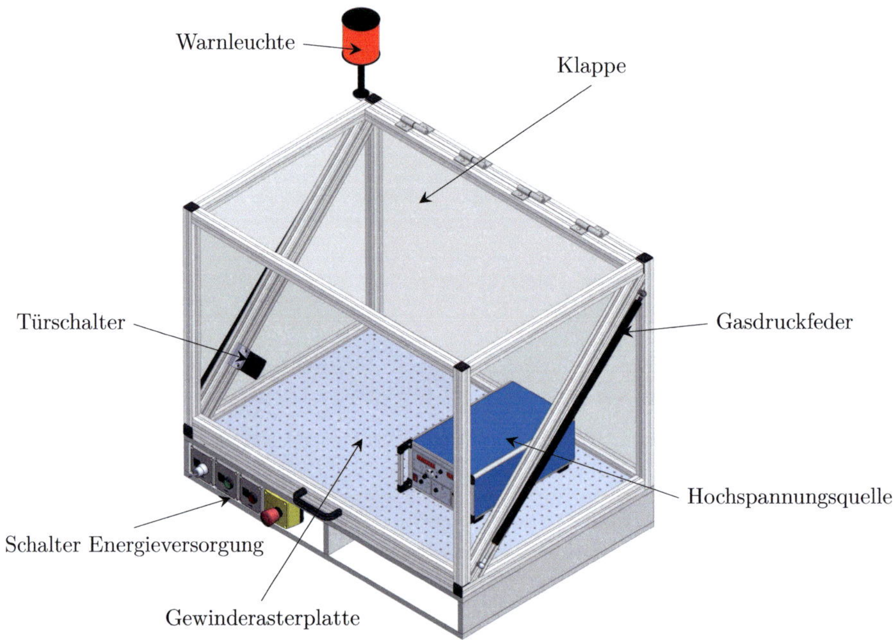

Abbildung 5.1: Messplatz zur Messung von Steifigkeiten und Aktorbewegungen für Spannungen bis $U_{\max} = 6{,}5\,\mathrm{kV}$

Der Container lässt sich über eine Klappe nach oben öffnen. Durch zwei speziell auf den Versuchsstand ausgelegte, seitlich angebrachte Gasdruckfedern (Fa. Bansbach, Lorch) wird die Klappe im geschlossenen bzw. im geöffneten Zustand stabil gehalten. Das ermöglicht in beiden Positionen eine sichere Arbeit. Unter dem Versuchsstand befinden sich die Bedienelemente für die Spannungsversorgung und zusätzliche externe Geräte.
Damit die Hochspannungsquelle nur bei geschlossenem Versuchsstand eingeschaltet werden kann, ist die Spannungsversorgung des gesamten Versuchsstandes über einen Türschutzschalter gesteuert. Nur wenn die Klappe und damit der Schalter geschlossen sind, kann der Versuchsstand mit der Hochspannungsquelle aktiviert werden. Außerdem ist der Türschutzschalter mit einem Hochspannungsrelais verbunden. Zusätzlich sind alle metallischen Komponenten der Anlage geerdet.
Die Verschaltung aller elektrischen Komponenten erfolgt in einem Schaltkasten (KG 9002; Hensel, Lennestadt). Der Schaltplan der Anlage und die Belegung des Schaltkastens sind im Anhang in den Abbildungen B.1 und B.2 dargestellt.
Die weiteren im Messplatz verwendeten Geräte und deren Haupteigenschaften sind in Tabelle 5.1 zusammengefasst.

Tabelle 5.1: Geräte im Hochspannungsversuchsstand

Gerät	Bezeichnung (Hersteller)	Verwendung	Eigenschaften	Steuerung
Hochspannungsquelle	HCP 140-6500 (FuG, Rosenheim)	Ansteuerung EAP-Aktoren	$U_{max} = 6500\,V$ $I_{max} = 20\,mA$	PC
Kraftmesser	KAP-S/10N/0,1 (AST, Dresden)	Messung von Kräften für Steifigkeitsbestimmung	$F_{max} = 10\,N$ Genauigkeit 10 %	PC
Entfernungsmesser (Laser)	AM200 (ALLSENS, Dreieich)	Messung von Aktorstellwegen	Messbereich 100 mm Auflösung 0,02 mm	PC
Linearantrieb mit Encoder	L4118L1804-T6x2-A50 (Nanotec, München)	Erzeugen von Auslenkungen zur Steifigkeitsbestimmung	Hub 50 mm Auflösung 10 µm/Schritt	PC
Dreikanalstromquelle	PS 2342-10B (Elektro-Automatik Viersen)	Ansteuerung von FGL-Aktoren	2x 42 V, 10 A 1x 5 V, 2 A	PC
CCD-Kamera	uEyeLE USB2.0 Kamera (IDS Obersulm)	Aufzeichnen der Verformung nachgiebiger EAP-Elektroden, Bestimmung von Stellwegen	Auflösung: 1280x1024 1/1,8"CMOS Monochrom	PC
Externes Netzteil	PEAKTECH 6060 (PeakTech Ahrensburg)	Bereitstellung von Niederspannungen für Versorgung von Messgeräten	10 A 1x 5 V, 3 A	Manuell

5.2 MESSPROZEDUREN

Um eine einfache Auswertung der gemessenen Daten zu ermöglichen, sind für alle Versuchsaufbauten die verwendeten Mess- und Versorgungsgeräte über USB-Schnittstellen mit einem Messrechner verbunden. Die Ansteuerung der Geräte und die Aufzeichnung der Messwerte erfolgt über LabView-Programme. Dabei werden die relevanten Mess- und Statuswerte aller beteiligten Geräte parallel aufgezeichnet und in Messwertdateien abgespeichert.

5.2.1 STEIFIGKEITSMESSUNG

Für die Messungen von Biegenachgiebigkeiten wurden die zu untersuchenden Bauteile an einem Ende eingespannt und am anderen, freien Ende mittels des Linearantriebs verbogen (Abbildung 5.2). Die aufgeprägte Kraft wird über den Kraftsensor, der zwischen dem Linearantrieb und dem zu messenden Objekt angeordnet ist, gemessen. Das Bauteil kann dabei sowohl auf Biegung als auch in Normalrichtung belastet werden.

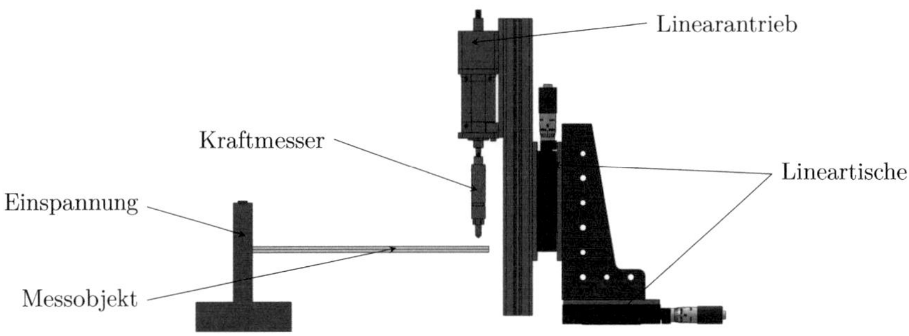

Abbildung 5.2: Messaufbau für die Steifigkeitsmessung (Biegesteifigkeit)

5.2.2 MESSUNG DER BEWEGUNG VON AKTOREN

Zur Charakterisierung der Aktoren für die Steifigkeitsänderung wurde deren Bewegung in Abhängigkeit von der jeweiligen Steuergröße (Hochspannung für EAPs, Strom für FGLs) gemessen. Dies erfolgte entweder direkt mit Hilfe des Laserabstandssensors oder mittels CCD-Kamera über ein optisches Feldmessverfahren, das Bilder der Deformationsvorgänge auswertete.

Für die Auswertung der Bilder der CCD-Kamera wurde ein MATLAB-Programm entwickelt. Aus den 8-bit-Graustufenbildern der CCD-Kamera kann mit Hilfe eines festgelegten Graustufengrenzwertes die Länge bzw. Breite von EAP-Elektroden bestimmt und daraus die Bewegung des Aktors ermittelt werden. Dazu wird vom Programm die Anzahl der

Pixel gezählt, die unter dem Helligkeitsgrenzwert liegt. Über die bekannte Ausgangsgröße der Elektroden berechnet das Programm aus der Pixelzahl die jeweilige aktuelle Größe der Elektrode in Abhängigkeit von der Hochspannung.

5.2.3 MESSUNGEN DER BLOCKIERKRAFT VON AKTOREN

Um die Blockierkraft zu bestimmen, werden die Aktoren einseitig eingespannt. Der Kraftsensor wird anschließend so weit an den Aktor herangefahren, bis dieser den Aktor blockiert. Durch Nullpunktkompensation des Kraftsensors wird sichergestellt, dass nur die durch die Steuergröße erzeugte Kraft gemessen wird.

5.3 PC-GESTEUERTE VIERKANAL-HOCHSPANNUNGSQUELLE

Um mehrere EAP-Aktoren unabhängig voneinander betreiben zu können, reicht die PC-gesteuerte Einkanal-Hochspannungsquelle nicht aus. Daher wurde in Zusammenarbeit mit dem Fraunhofer Institut für Werkstoff- und Strahltechnik IWS Dresden eine PC-gesteuerte Vierkanal-Hochspannungsquelle entwickelt. Diese wird über eine USB-Schnittstelle mit dem Steuerrechner verbunden und mittels eines LabView-Programms gesteuert. Die Hochspannungsquelle verfügt über vier unabhängige Hochspannungskanäle, die Spannungen bis 5000 kV liefern können. Sie werden durch vier Hochspannungsverstärker (G50R; EMCO, Sutter Creek, CA, USA) erzeugt, die sich zusammen mit den vier entsprechenden Verstärkerschaltungen auf einer Platine befinden (Abbildung B.3).

6 FORMSCHLUSSBASIERTE SCHICHTSTAPEL

Eine konstruktiv relativ einfach realisierbare Variante für Biegebalken mit einstellbarer Steifigkeit ist der Mehrschichtstapel mit veränderlicher Kraftübertragung (Abbildung 3.4a, Abschnitt 3.3.3). Die Veränderung der Kraftübertragung zwischen den Schichten kann dabei sowohl durch Reib- als auch durch Formschluss gesteuert werden.
In diesem Kapitel sollen solche Schichtstapel betrachtet werden, bei denen das Gleitverhalten der Schichten durch Formschluss eingestellt wird. Um die Steifigkeit reversibel zu steuern, wird der Formschluss zwischen den einzelnen Schichten temporär erzeugt. Dies geschieht über Formschlussaktoren, die ein Gleiten der einzelnen Schichten übereinander verhindern und so das Flächenträgheitsmoment des Balkens beeinflussen.

6.1 AUFBAU UND FUNKTIONSWEISE DER BIEGEFEDERN

Abbildung 6.1 zeigt den schematischen Aufbau eines formschlussgesteuerten Mehrschichtstapelbalkens, dessen Grundlagen bereits in [28] beschrieben wurden. In der Seitenansicht (Abbildung 6.1a) sind die einzelnen, übereinander angeordneten Schichten erkennbar. Jede Schicht verfügt über eine Formschlussverzahnung an der Kontaktfläche zur benachbarten Schicht. Diese besteht aus Zähnen und Lücken, die der nächsten, benachbarten Formschlussverzahnung immer deckungsgleich gegenüberliegen. Um den Formschluss herzustellen, befinden sich Formschlussaktoren zwischen den einzelnen Balkenschichten und weisen ebenfalls eine Formschlussverzahnung auf, die durch die Bewegung des Aktors in die entsprechenden seitlichen Formschlussverzahnungen zweier Balkenschichten hinein oder heraus gefahren werden können. Da die Aktoren doppelt so hoch wie die Formschlussverzahnungen der Schichten sind, kann ein Aktor das Gleiten zweier benachbarter Schichten per Formschluss sperren oder freigeben.
In Abbildung 6.1b ist schematisch eine Vorderansicht des Balkens dargestellt. Diese zeigt die Aktorbereiche, in denen sich die Formschlussaktoren befinden. Sie ergeben sich aus der Höhe der Formschlussverzahnungen.

(a) (b)

Abbildung 6.1: Formschlussbasierter Mehrschichtstapel (a) Seitenansicht, (b) Schnittbild. Die Formschlussaktoren greifen in die Löcher der Formschlussverzahnungen ein.

Um einen Gesamtaufbau mit möglichst großem Trägheitsmomentenverhältnis $\frac{I_{\max}}{I_{\min}}$ zu erzeugen, müssen möglichst viele unabhängige Schichten übereinander angeordnet werden. Aus diesem Grund sollten die entwickelten Aktoren so flach wie möglich ausgeführt werden. Es ist prinzipiell möglich, mehrere Aktoren über die Länge eines solchen Biegebalkens zu verteilen. Dadurch können mehrere Nachgiebigkeitszustände eingestellt werden.
Abbildung 6.2 zeigt schematisch die Funktionsweise eines mehrschichtigen, formschlussbasierten Biegebalkens in drei verschiedenen Steifigkeitszuständen. Abbildung 6.2a zeigt den

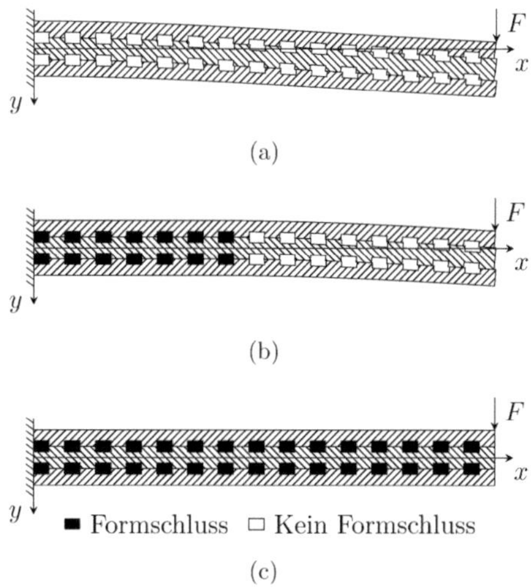

Abbildung 6.2: Funktionsweise des formschlussbasierten Schichtstapels im (a) nachgiebigen, (b) teilweise versteiften und (c) steifen Zustand

Biegebalken im nachgiebigsten Zustand, wenn kein Aktor durch einen Formschluss das Gleiten der Schichten übereinander verhindert. In Abbildung 6.2b hat der Aktor einen Teilbereich des Biegebalkens versteift. Das erhöht das Flächenträgheitsmoment in diesem Bereich, während im restlichen Teil des Balkens ein Gleiten möglich und das Flächenträgheitsmoment gering ist. Als Folge steigt die resultierende Steifigkeit. In Abbildung 6.2c ist das Gleiten auf der gesamten Länge durch die Formschlussaktoren gesperrt. Das führt zum größten Flächenträgheitsmoment auf der gesamten Balkenlänge und damit zum steifsten Zustand.

Um eine möglichst große Zahl von Nachgiebigkeitszuständen zu erreichen, können bei diesem Aufbau zwei verschiedene Möglichkeiten zum Einsatz kommen:

- Anordnung von mehreren unabhängigen Aktoren entlang der x–Achse in einem Aktorbereich zwischen zwei Schichten.
- Unabhängige Ansteuerung übereinanderliegender Aktoren in unterschiedlichen Aktorbereichen.

Bei dem Dreischichtstapel von Abbildung 6.2 sind vier unabhängig steuerbare Formschlussaktoren vorhanden - je zwei hintereinander entlang der x–Achse im oberen und unteren Aktorbereich. Mit jeweils zwei Aktoren übereinander lassen sich in zwei Abschnitten je drei unterschiedliche Flächenträgheitsmomente (I_0, I_1, I_2) einstellen. Abbildung 6.3 stellt schematisch alle möglichen Flächenträgheitskonfigurationen für einen solchen dreischichtigen Balken dar.

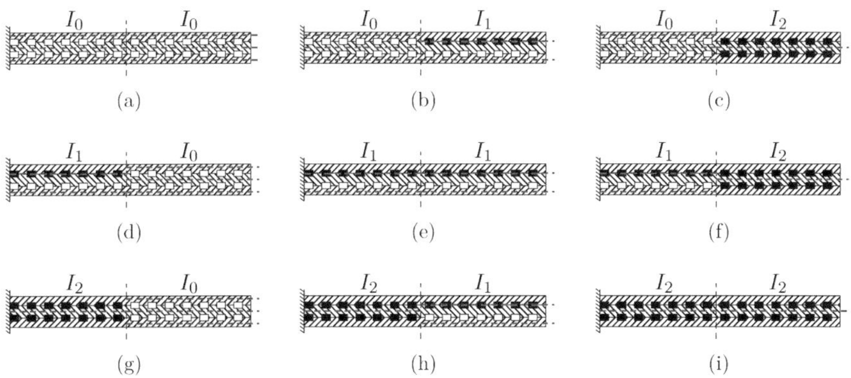

Abbildung 6.3: Dreischichtstapel mit jeweils zwei oben und unten angeordneten Aktorbereichen in allen neun möglichen Steifigkeitszuständen

In Abbildung 6.3a sind alle drei Schichten unverbunden. Sie bilden bei einer Biegung einzelne neutrale Fasern (rote Linien) aus und wirken quasi als parallele Biegefedern. In diesem Zustand hat der Gesamtaufbau in beiden Bereichen das geringste Flächenträgheitsmoment I_0. In Abbildung 6.3d sind die beiden oberen Schichten in beiden Bereichen miteinander verbunden. Es ergeben sich zwei Biegefedern mit jeweils eigener neutraler Faser, die wieder als parallele Biegefedern wirken. Das resultierende Flächenträgheitsmoment ist in beiden Bereichen jeweils I_1. Abbildung 6.3i zeigt den Dreischichtstapel, wenn alle drei Schichten in beiden Bereichen miteinander verbunden sind. In diesem Fall bildet sich nur eine neutrale Faser über den gesamten Balken in der Mitte des Querschnittes aus. Der Biegbalken verhält sich wie ein einzelner, quasi-homogener Balken und hat das größte Flächenträgheitsmoment I_2.

Über die unabhängigen Aktoren lassen sich auch verschiedene andere Flächenträgheitskonfigurationen einstellen. Da sich in zwei Bereichen unabhängig voneinander jeweils drei verschiedene Flächenträgheitsmomente einstellen lassen, ergeben sich am freien Ende des Biegebalkens $N = 3^2 = 9$ unterschiedliche resultierende Steifigkeiten.

6.2 BIEGESTEIFIGKEIT

Um alle möglichen Nachgiebigkeitszustände des Biegebalkens von Abbildung 6.3 zu berechnen, wird ausgehend von den einzelnen Flächenträgheitsmomenten I_i für jeden homogenen Balkenbereich ein analytisches Modell und Finite-Elemente-Modell (FE-Modell) aufgestellt. Dafür wird vorausgesetzt, dass das Flächenträgheitsmoment in jedem Abschnitt konstant ist. Abbildung 6.4 zeigt beispielhaft eine Anordnung, bei der mit den Formschlussaktoren wie in Abbildung 6.3 lateral zwei Bereiche (I und II) geschaltet werden können. Diese sind jeweils durch das Flächenträgheitsmoment I_{I} und I_{II} charakterisiert, die jeweils die Werte I_0, I_1 oder I_2 annehmen können. Da es dazwischen konstruktiv bedingt einen kleinen Zwischenraum gibt, der nicht geschaltet werden kann, ist im Modell ein passiver Bereich der Länge l_{p} eingefügt. Dieser ist durch das konstante Flächenträgheitsmoment $I_{\mathrm{p}} = I_0$ eines Schichtstapels gekennzeichnet, bei dem alle Schichten gleiten können.

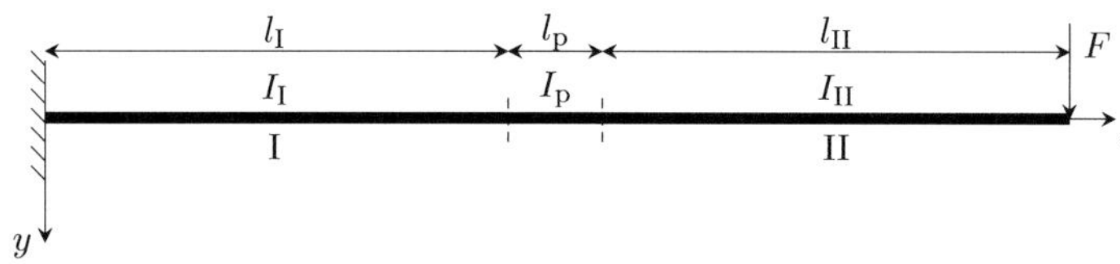

Abbildung 6.4: Modell für den formschlussgesteuerten Biegebalken von Abbildung 6.3 mit zwei getrennten steuerbaren Bereichen I und II und einem passiven Bereich dazwischen.

Die resultierende Nachgiebigkeit n, bzw. Steifigkeit k des Biegebalkens an der Krafteinleitungsstelle lässt sich für einige Zustände analytisch, mithilfe des Satzes von CASTIGLIANO [57] aus der elastischen Formänderungsenergie U des Gesamtsystems berechnen. Dazu wird die Formänderungsenergie zweimal partiell nach der Kraft F am freien Balkenende abgeleitet:

$$n = \frac{1}{k} = \frac{\mathrm{d}w}{\mathrm{d}F} = \frac{\partial}{\partial F}\frac{\partial U}{\partial F}. \tag{6.1}$$

Voraussetzung hierfür ist die Erfüllung der BERNOULLI-Hypothese [57]. Der Balken ist sehr viel länger als seine Querschnittsabmessungen und die einzelnen Querschnitte liegen auch im ausgelenkten Zustand senkrecht auf den Balkenmittellinien.
Bei reiner Biegung ist die elastische Formänderungsenergie im jeweiligen Abschnitt U_i vom Biegemomentenverlauf $M_{Bz}(x)$, dem Elastizitätsmodul E und dem Flächenträgheitsmoment I_i des jeweiligen Abschnitts abhängig [57]:

$$U_i(x) = \int_{x_0}^{x} \frac{1}{2}\frac{M_{\mathrm{Bz}}^2(x')}{EI_i}\mathrm{d}x'. \tag{6.2}$$

Hier werden der Querkraftschub und die Längskräfte vernachlässigt. Daraus ergibt sich für den gesamten Balken:

$$U = \int_0^{l_\mathrm{I}} \frac{1}{2}\frac{M_\mathrm{Bz}^2(x)}{EI_1}\mathrm{d}x + \int_{l_\mathrm{I}}^{l_\mathrm{I}+l_\mathrm{p}} \frac{1}{2}\frac{M_\mathrm{Bz}^2(x)}{EI_2}\mathrm{d}x + \int_{l_\mathrm{I}+l_\mathrm{p}}^{l_\mathrm{I}+l_\mathrm{p}+l_\mathrm{II}} \frac{1}{2}\frac{M_\mathrm{Bz}^2(x)}{EI_3}\mathrm{d}x. \tag{6.3}$$

Wird Gleichung (6.1) auf Gleichung (6.3) angewendet, ergibt sich für die Nachgiebigkeit n bzw. die Steifigkeit k am Krafteinleitungspunkt:

$$\begin{aligned} n = \frac{1}{k} = \frac{\partial}{\partial F}\Bigg[& \int_0^{l_\mathrm{I}} \frac{M_\mathrm{Bz}(x)}{EI_1}\frac{\partial M_\mathrm{Bz}(x)}{\partial F}\mathrm{d}x + \int_{l_\mathrm{I}}^{l_\mathrm{I}+l_\mathrm{p}} \frac{M_\mathrm{Bz}(x)}{EI_2}\frac{\partial M_\mathrm{Bz}(x)}{\partial F}\mathrm{d}x \\ & + \int_{l_\mathrm{I}+l_\mathrm{p}}^{l_\mathrm{I}+l_\mathrm{p}+l_\mathrm{II}} \frac{M_\mathrm{Bz}(x)}{EI_3}\frac{\partial M_\mathrm{Bz}(x)}{\partial F}\mathrm{d}x\Bigg]. \end{aligned} \tag{6.4}$$

Gleichung (6.4) lässt sich mithilfe eines Computeralgebra-Programms (z.B. MAPLE) lösen. In gleicher Weise lässt sich die resultierende Steifigkeit des Gesamtsystems an der Krafteinleitungsstelle für einige Flächenträgheitsmomenten-Kombinationen bestimmen.
Für einen dreischichtigen Plattenstapel kann so die resultierende Steifigkeit abgeschätzt werden. Dazu wird angenommen, dass gemäß Abbildung 6.3 in den Abschnitten I und II die drei Flächenträgheitsmomente I_0, I_1, I_2 auftreten können. In Abhängigkeit des Verhältnisses zwischen den Hohlräumen für die Aktoren und den Dicken der Schichten ergeben sich die Verhältnisse zwischen den Flächenträgheitsmomenten. Dazu werden die schematischen Darstellungen von Abbildung 6.5 verwendet. Zunächst werden aus den Abmessungen der

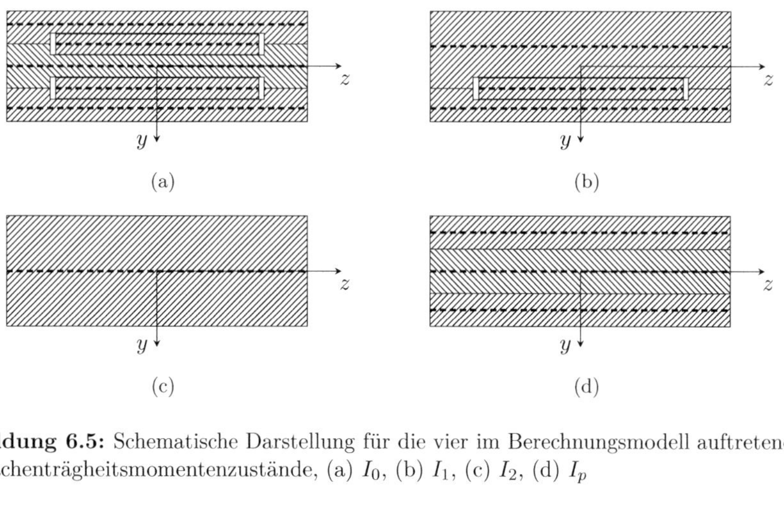

Abbildung 6.5: Schematische Darstellung für die vier im Berechnungsmodell auftretenden Flächenträgheitsmomentenzustände, (a) I_0, (b) I_1, (c) I_2, (d) I_p

einzelnen Bauteile die Flächenträgheitsmomente berechnet. Zur Berechnung der resultierenden Flächenträgheitsmomente (I_0, I_1, I_2, I_p) werden diese anschließend unter Beachtung der folgenden Annahmen miteinander kombiniert:

- Im Zustand des kleinsten Flächenträgheitsmoments I_0 (Abbildung 6.5a) wird vorausgesetzt, dass alle Schichten und die dazwischen liegenden Aktoren frei übereinander hinweg gleiten können. Dabei bildet jedes Bauteil eine eigene neutrale Faser (rote Linien) aus. Das resultierende Flächenträgheitsmoment entspricht dann der Summe der einzelnen Momente.

- Um das mittlere Flächenträgheitsmoment I_1 (Abbildung 6.5b) zu bestimmen, werden die Flächenträgheitsmomente der oberen beiden Schichten und des oberen Aktors mithilfe der Satzes von STEINER [57] miteinander verrechnet, da diese im Fall einer Biegung alle eine gemeinsame neutrale Faser ausbilden und nicht übereinander hinweg gleiten können. Die Flächenträgheitsmomente der unteren Schicht und des Aktors werden anschließend addiert, da diese bei einer Biegung gleiten können.

- Das steifste Flächenträgheitsmoment I_2 wird berechnet, indem alle einzelnen Flächenträgheitsmomente mittels des Satzes von STEINER miteinander kombiniert werden. Hier stellt sich eine neutrale Faser für die gesamte Anordnung ein.

- Im passiven Bereich (Abbildung 6.5d) liegen die drei Schichten direkt übereinander, können allerdings bei einer Biegung übereinander gleiten. Das resultierende Flächenträgheitsmoment wird als Summe der einzelnen Momente berechnet.

Aus diesen Annahmen ergeben sich die folgenden Verhältnisse zwischen den Flächenträgheitsmomenten:

$$\frac{I_2}{I_0} = 29{,}7; \quad \frac{I_1}{I_0} = 8{,}1; \quad \frac{I_p}{I_0} = 6{,}5. \tag{6.5}$$

Die aufgeführten Annahmen gelten allerdings nur für die Zustände a, d, e, g und in Näherung in den Zuständen h und i aus Abbildung 6.3, da in den restlichen Zuständen, in denen der Balken im zweiten Bereich (II) versteift wird, auch das Gleiten der Schichten im ersten Bereich behindert wird. Dadurch treten zusätzliche Normalkräfte in Bereich I auf, die im analytischen Modell nicht berücksichtigt sind. Die Steifigkeiten der Zustände (b), (c) und (f) müssen unter Verwendung eines FE-Programms berechnet werden. Dazu wird das CAD-Modell des gesamten Aufbaus vereinfacht und in das FE-Programmpaket ABAQUS importiert. Anschließend werden für alle Steifigkeitszustände die jeweiligen Rand- und Kontaktbedingungen definiert und das Problem numerisch gelöst.
Da die analytische Lösung im Vergleich zu aufwendigen FE-Berechnungen wesentlich schneller zu berechnen und zu verändern ist, wird diese zum Überschlagen des maximalen Steifigkeitsverhältnisses $\mathcal{K}_{\mathrm{max}}$ zwischen maximaler und minimaler Steifigkeit verwendet. $\mathcal{K}_{\mathrm{max}}$ hängt hierbei stark von der Länge l_{p} des passiven Abschnitts ab (Abbildung 6.6a). Je größer der Bereich ist, der nicht versteift werden kann, desto geringer ist dieses Verhältnis. Für kleine l_{p} liefert die analytische Lösung Ergebnisse, die in Näherung den experimentell bestimmten Absolutwerten für die Steifigkeit in den Steifigkeitszuständen (a), (d), (e), (g), (h) und (i) entsprechen. Für die Steifigkeitszustände (b), (c) und (f) liefert das analytische

Modell keine brauchbaren Ergebnisse. Die FE-Berechnungen liefern eine deutlich bessere Übereinstimmung für alle Steifigkeitszustände. Die Ergebnisse für beide Berechnungsvarianten sind in Abbildung 6.6b dargestellt. Kann der Schichtstapel auf der gesamten Länge

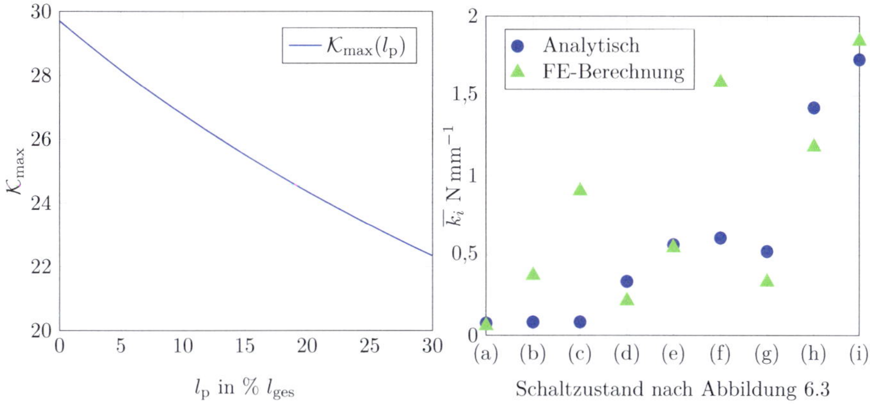

(a) (b)

Abbildung 6.6: (a) Analytisch berechnetes Maximales Steifigkeitsverhältnis $\mathcal{K}_{max}$ in Abhängigkeit von der Länge l_p des passiven Bereiches, (b) analytisch und numerisch berechnete Steifigkeiten k in Abhängigkeit vom Schaltzustand nach Abbildung 6.3

versteift werden, stellt sich für den beispielhaften Dreischichtstapel der maximale Wert $\mathcal{K}_{max} = 29{,}7$ ein. Mit zunehmender Länge des Bereiches II fällt dieser Wert stark ab. Für einen realen Aufbau mit möglichst großem Wert $\mathcal{K}_{max}$ muss darauf geachtet werden, dass der passive Bereich möglichst klein ist.
Mithilfe eines solchen Dreischichtbalkens kann die Steifigkeit eines Biegebalkens bereits über eine Größenordnung verändert werden, wenn bei der Konstruktion darauf geachtet wird, dass die Länge l_p des passiven Bereichs möglichst klein im Vergleich zur Gesamtlänge des Biegebalkens ist. Der maximale Wert $\mathcal{K}_{max}$ lässt sich weiter steigern, wenn Biegebalken mit mehr als drei Schichten verwendet werden. Im Rahmen dieser Arbeit werden allerdings nur Dreischichtstapel näher betrachtet.

6.3 KONSTRUKTIVE GESTALTUNG

Der Demonstrator des Biegebalkens mit veränderbarer Biegesteifigkeit gemäß Abbildung 6.3 besteht aus drei einzelnen Schichten (Abbildung 6.7). Zwischen zwei benachbarten Schichten sind auf der Gesamtlänge jeweils zwei Aktorbereiche für die Formschlussaktoren angeordnet. Die Aktorbereiche werden durch die Formschlussstrukturen gebildet, die direkt mit den Schichten verbunden sind. Da die mittlere Schicht sowohl oben als auch unten über Formschlussstrukturen verfügt, ist sie insgesamt dicker als die beiden äußeren Schichten. Die genauen Abmessungen und verwendeten Materialien sind in Tabelle 6.1 dargestellt.
In jedem Aktorbereich befindet sich einer der Formschlussaktoren, die in Abschnitt 6.4

ausführlich beschrieben sind. Damit der gesamte Dreischichtbalken zwar einfach zusammengesetzt werden kann, sich die einzelnen Schichten bei einer Verbiegung aber nicht voneinander lösen können, befinden sich an beiden Längsseiten Langlöcher durch alle Schichten hindurch. Durch diese werden Schrauben geführt, die den Gesamtaufbau so weit zusammen halten, dass gerade noch ein fast widerstandsfreies Gleiten der Schichten möglich ist.

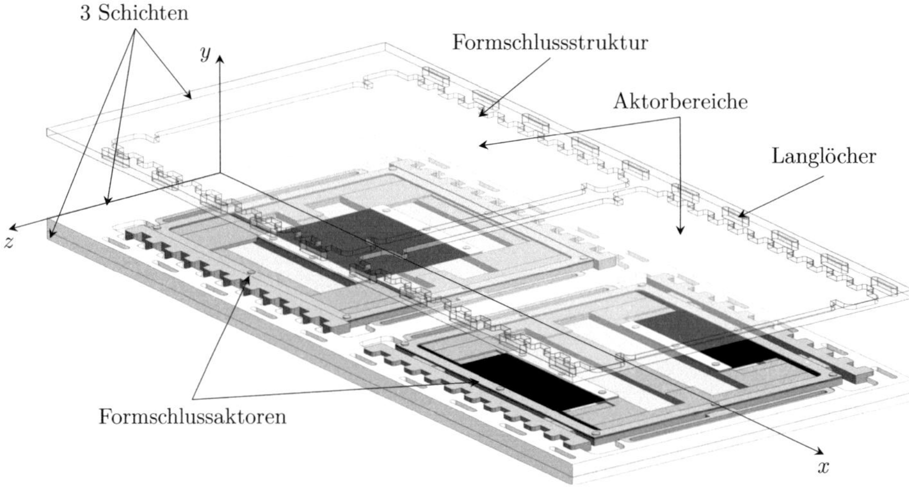

Abbildung 6.7: Gesamtaufbau eines dreischichtigen Biegebalkens mit veränderbarer Biegesteifigkeit gemäß Abbildung 6.7

Tabelle 6.1: Eigenschaften der Einzelschichten des Demonstrators gemäß Abbildung 6.7

Schicht	Mittlere	Äußere
Abmessungen L x b x h in mm^3	250 x 125 x 4	250 x 125 x 2,5
Material	Somos NeXt; Fa. DSM Somos, Elgin, IL, USA	
Herstellungsverfahren	Stereolithographie	
Elastizitätsmodul in MPa	ca. 2500 [58]	

6.4 FORMSCHLUSSAKTOREN

Die Formschlussaktoren sollten möglichst flach gestaltet sein, um sie in die jeweiligen Balkenschichten integrieren zu können und große Bewegungen zu erzeugen. Dazu wurden zwei Aktorprinzipien verwendet: elektroaktive Polymere und Formgedächtnislegierungen in Form von Drähten bzw. Federn.

Der Aufbau aller Aktoren ist ähnlich. Das aktive Material wird durch einen Aktorrahmen so vorgespannt, dass es sich beim Anlegen einer elektrischen Spannung oder eines Stroms bewegen kann. Diese Bewegung wird vom Aktorrahmen aufgenommen, der sich dann entsprechend seines Aufbaus verformt. Dazu müssen die Aktoren einige Grundvoraussetzungen erfüllen:

- Das aktive Material muss durch den Aktorrahmen so vorspannt werden, dass es während des Betriebes möglichst große Stellwege erzeugen kann.
- Der Aktorrahmen muss in der Lage sein, diese großen Verformungen aufzunehmen.
- Der Aktor sollte insgesamt möglichst flach sein.

Alle Aktorprototypen wurden mithilfe von Rapid-Prototyping-Verfahren hergestellt, da sich so die komplizierten Geometrien preiswert und unkompliziert realisieren ließen. Dabei kamen Stereolithographie, selektives Lasersintern und 3D-Polymerdrucken zum Einsatz. Das Funktionsprinzip der Aktoren ist in Abbildung 6.8 dargestellt.

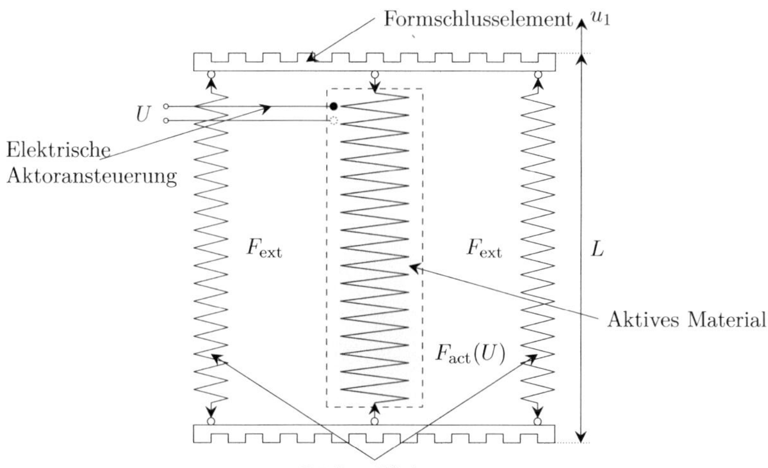

Abbildung 6.8: Funktionsschema eines Formschlussaktors, angetrieben durch ein elektroaktives Polymer oder ein Formgedächtniselement. F_{akt} Kraft des aktiven Materials, F_{spr} Federrückstellkraft des Aktorrahmens

Sie bestehen aus einem oder mehreren steifen Rahmenteilen, die über eine Formschlussverzahnung verfügen, sowie dem eigentlichen Antrieb. Über die Federkennlinien des steifen

Aktors und der Antriebselemente stellt sich ein Kräftegleichgewicht am Aktor ein. Über eine Aktivierung der aktiven Materialien verändert sich dieses Kräftegleichgewicht und der Aktor verlängert oder verkürzt sich.
Das Aktorelement (EAP oder FGL) wird mittels einer elektrischen Spannung U angesteuert und erzeugt eine spannungsabhängige Kraft $F_{\text{akt}}(U)$. Der nachgiebige Aktor wirkt dieser Kraft mit

$$F_{\text{ext}} = k_{\text{ext}} u_1 \tag{6.6}$$

entgegen, wobei k_{ext} die Federkonstante des Aktorrahmens und u_1 die die Auslenkung des Aktorrahmens ist. Der Stellweg u_1 des Aktors kann als Funktion der elektrischen Spannung beschrieben werden. Für das Kräftegleichgewicht innerhalb des Aktors gilt:

$$F_{\text{akt}}(U) = F_{\text{ext}} = k_{\text{ext}} u_1 \tag{6.7}$$

$$u_1 = \frac{F_{\text{akt}}(U)}{k_{\text{ext}}}. \tag{6.8}$$

Je nachdem, welches Material für den Antrieb verwendet wird, ist u_1 positiv oder negativ. Die genaue Funktionsweise der entwickelten Aktoren wird in den Abschnitten 6.4.1 bis 6.4.5 näher beschrieben. Im Rahmen der Arbeit wurden drei verschiedene EAP-basierte und zwei FGL-basierte Aktoren entwickelt, aufgebaut und hinsichtlich ihrer Eigenschaften untersucht (Tabelle 6.2).

6.4.1 LINEAR VORGESPANNTE EAP-AKTOREN

Abbildung 6.9a zeigt die schematische Darstellung eines Formschlussaktors, bei der als aktives Material ein EAP aus Silikon verwendet wurde und das von einem Aktorrahmen vorgespannt wird (Variante Nr. 1 Tabelle 6.2). Im Anhang ist in Abbildung C.1a ein Foto eines solchen Aktors dargestellt. Der Rahmen wurde aus einem Stück per selektivem Lasersintern hergestellt. Durch die Integration von acht Festkörpergelenken weist der Aktor eine lineare Kennlinie auf. Die Vorspannkraft F_0 im EAP wird durch die initiale Verformung des Rahmens und der dadurch auftretenden Rückstellkraft aufgeprägt. Wird über den Elektroden des EAP eine elektrische Spannung U angelegt, verlängert sich der Aktor. Grundlegende Betrachtungen zu diesem Aktor und zu dem Aktor aus Abschnitt 6.4.2 wurden bereits in [26, 27] veröffentlicht.
Der Aktorrahmen wird über Aufhängungen in den Aktorbereichen des Mehrschichtstapels positioniert. Dadurch wird sichergestellt, dass in der neutralen (nicht gebogenen) Position des Mehrschichtbalkens von Abbildung 6.7 die Formschlussverzahnung des Aktors passgenau den Formschlussverzahnungen der Schichten gegenüberliegt. Acht Festkörpergelenke stellen eine gute Bewegungsfähigkeit auch bei großen Verformungen sicher. Der Winkel α zwischen der Achse der Festkörpergelenke und den Formschlussverzahnungen ist so gewählt, dass die großen vom EAP erzeugten Verformungen in x_1-Richtung über eine entsprechende Übersetzung in kleine Verformungen in x_2-Richtung umgewandelt werden.

Tabelle 6.2: Planare Formschlussaktoren auf Basis aktiver Materialien

Nr.	Aktor	Antrieb	Mechanik des Aktorrahmens	Steuergröße
1	Linear vorgespannter EAP-Aktor	EAP-Folie (PolyPower)	Lineare Federkennlinie	Spannung U
2	Nichtlinear vorgespannter EAP-Aktor	EAP-Folie (PolyPower)	Nichtlineare Federkennlinie	Spannung U
3	Selbst vorgespannter EAP-Aktor	EAP-Folie (VHB)	Starrer Rahmen	Spannung U
4	Einfacher FGL-Aktor	FGL-Drähte (Smart Flex)	Nichtlineare Federkennlinie	Strom I
5	Bistabiler FGL-Aktor	FGL-Spiralfedern	Nichtlineare, bistabile Kraft-Weg-Kennlinie	Strom I

Da die Aufhängung selbst sehr nachgiebig ist, kann sie diese Verformungen aufnehmen. Darüber hinaus nimmt die Aufhängung die entstehenden Verschiebungen zwischen den benachbarten Schichten auf, wenn sich der Mehrschichtbalken im nachgiebigen Zustand befindet, ohne dass der Aktor dadurch signifikant in x_1-Richtung ausgelenkt wird.

a. MODELL DER AKTORRAHMEN

Die Anpassung der Federkennlinie des Rahmens an die EAP-Folie erfolgt anhand eines mechanischen Modells des Aktorrahmens (Abbildung 6.10). Dieses Modell basiert auf den Kräfte- und Momentengleichgewichten und setzt kleine Verformungen voraus, was in der Praxis auch erfüllt ist. Die Berechnung der Steifigkeit des Aktorrahmens erfolgt anschließend über die Formänderungsenergie und den Satz von CASTIGLIANO unter Beachtung der jeweiligen geometrischen und mechanischen Eigenschaften jedes Teilstückes.
Aufgrund des doppelt symmetrischen Aufbaus ist es für die Berechnung ausreichend, nur ein Viertel des Rahmens zu betrachten [64]. Abbildung 6.10a zeigt das kinematische Modell des Viertel-Aktorrahmens von Abbildung 6.10b. Mithilfe dieses Modells können die Kräfte- und Momentengleichgewichte für alle fünf Abschnitte aufgestellt werden. Da die Gleichgewichtsbedingungen in den Abschnitten 2 bis 4 identisch sind, können diese als ein Abschnitt der Länge l_b zusammen betrachtet werden.

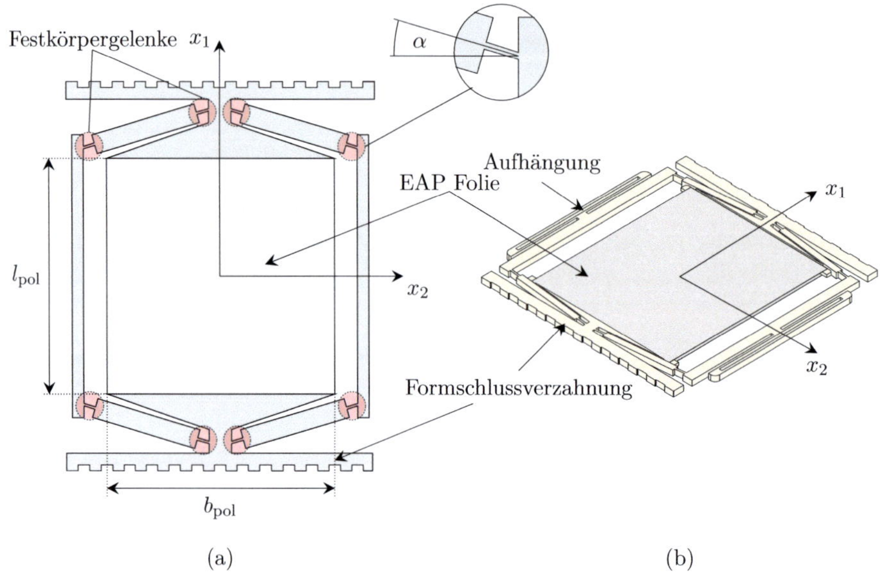

Abbildung 6.9: Aufbau eines EAP-Aktors mit externer Vorspannung, (a) Draufsicht, (b) 3D-Ansicht. l_{pol} Länge des EAP, b_{pol} Breite des EAP.

Ziel des Modelles ist es, die lineare Federkennlinie in Form einer Steifigkeit des Aktorrahmens in der Bewegungsrichtung des EAPs zu berechnen:

$$k = \frac{F_1}{u_1}. \tag{6.9}$$

Zunächst werden die globalen Gleichgewichtsbedingungen für die Lagerreaktionen F_{A} und F_{B}, die Lagermomente M_{A} und M_{B}, sowie die Normalkräfte F_1 und F_1 des statisch überbestimmten Systems aufgestellt. Die Kräftegleichgewichte in x_1- und x_2-Richtung ergeben:

$$F_{\mathrm{A}} = \frac{F_1}{2}, \tag{6.10}$$

$$F_{\mathrm{B}} = -\frac{F_2}{2}. \tag{6.11}$$

Das Momentengleichgewicht um den Punkt A führt zu:

$$M_{\mathrm{A}} = \frac{F_1}{2}(l_5 + l_b \cos\alpha) + \frac{F_2}{2}(l_1 + l_b \sin\alpha) - M_{\mathrm{B}}. \tag{6.12}$$

Damit können die lokalen Gleichgewichtsbedingungen in den einzelnen Abschnitten für die Normalkraft N_i, die Querkraft Q_i und das Biegemoment $M_{\mathrm{b}\,i}$ berechnet werden. Abbildung

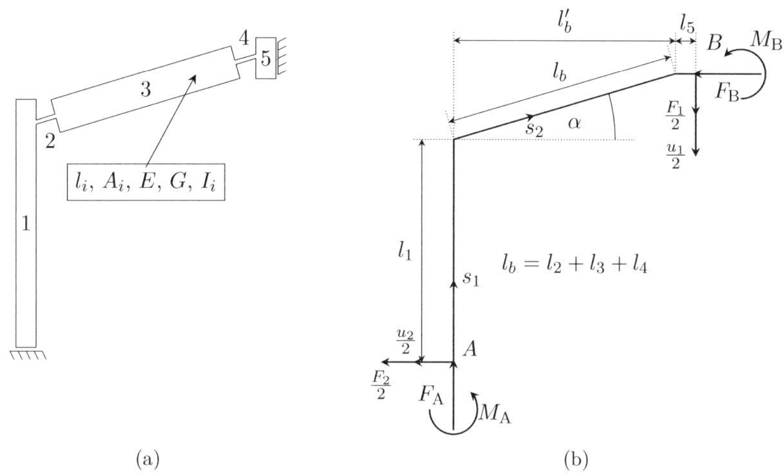

Abbildung 6.10: Modell eines Viertels eines Aktorrahmens mit Festkörpergelenken, (a) geometrisches Modell, (b) kinematisches Modell. l_i, A_i, I_i Länge, Fläche und Flächenträgheitsmoment des Abschnitts i; E, G Elastizitäts- bzw. Schubmodul; s_i lokale Koordinate entlang der Abschnittsachse.

6.11 zeigt die drei Schnitte mit Ihren Schnittreaktionen und angreifenden Kräften und Momenten, aus denen die Gleichgewichtsbedingungen gewonnen werden.

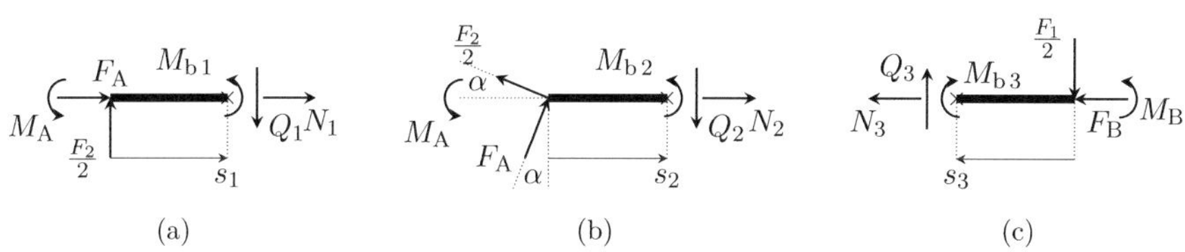

Abbildung 6.11: Schnitte (a) im Bereich 1, (b) im Bereich 2 und (c) im Bereich 3

Bereich 1 ($0 < s_1 \leq l_1$):

$$N_1 = -\frac{F_1}{2}, \tag{6.13}$$

$$Q_1 = \frac{F_2}{2}, \tag{6.14}$$

$$M_{b\,1} = -\frac{F_1}{2}(l_b \cos\alpha + l_5) - \frac{F_2}{2}(l_1 - s_1 + l_b \sin\alpha) + M_B. \tag{6.15}$$

Bereich 2 ($0 < s_2 \leq l_b$):

$$N_2 = -\frac{F_1}{2}\sin\alpha + \frac{F_2}{2}\cos\alpha, \tag{6.16}$$

$$Q_2 = \frac{F_1}{2}\cos\alpha + \frac{F_2}{2}\sin\alpha, \tag{6.17}$$

$$M_{b2} = -\frac{F_1}{2}\left((l_b - s_2)\cos\alpha + l_5\right) - \frac{F_2}{2}\left((l_b - s_2)\sin\alpha + l_1\right) + M_B. \tag{6.18}$$

Bereich 3 ($0 < s_3 \leq l_5$):

$$N_3 = \frac{F_2}{2}, \tag{6.19}$$

$$Q_3 = \frac{F_1}{2}, \tag{6.20}$$

$$M_{b3} = -\frac{F_1}{2}s_3 + M_B. \tag{6.21}$$

Aus den Gleichungen (6.10) bis (6.21) lassen sich die fehlende Lagerreaktion M_B und daraus analog zu Gleichung (6.4) die Steifigkeit k berechnen. Zur Berechnung des Momentes M_B wird angenommen, dass am Lager B keine Verdrehung erfolgt, so dass für die Ableitung der gesamten Formänderungsenergie U an der Stelle B nach dem Moment gilt:

$$\frac{\partial U}{\partial M_B} = 0. \tag{6.22}$$

Aus dieser Beziehung lässt sich die fehlende Lagerreaktion M_B bestimmen. Die Verformungsenergiedichtefunktion beinhaltet neben den Termen für die Biegung auch noch die Terme für die Normal- und Querkraft [57] und muss mit dem Faktor 4 multipliziert werden, da im Modell nur ein Viertel des Gesamtsystems betrachtet wurde. Für die Steifigkeit k an der Kraftangriffsstelle von F_1 bzw. F_2 ergibt sich

$$\frac{1}{k} = 4\frac{\partial}{\partial F_j}\sum_{i=1}^{5}\left[\int_0^{l_i}\frac{M_{bi}(s_i)}{E_i I_i}\frac{\partial M_{bi}(s_i)}{\partial F_j}\mathrm{d}s_i + \int_0^{l_i}\frac{N_i}{E_i A_i}\frac{\partial N_i}{\partial F_j}\mathrm{d}s_i + \int_0^{l_i}\kappa_S\frac{Q_i}{G_i A_i}\frac{\partial Q_i}{\partial F_j}\mathrm{d}s_i\right]. \tag{6.23}$$

Hierbei ist κ_S der Schubfaktor des jeweiligen Querschnitts. Für rechteckige Querschnitte, was in allen Abschnitten des Aktors der Fall ist, ist $\kappa_S = 1{,}2$ [57]. Durch Variation verschiedener Abmessungen, insbesondere der Längen l_2 und l_4 und Querschnittsflächen A_2 und A_4 der Festkörpergelenke kann die Steifigkeit des Aktorrahmens genau an das Polymer angepasst werden.

Ziel der Anpassung ist es, die Aktoren so zu gestalten, dass sie im elektrisch spannungslosen Zustand, d.h. im Gleichgewicht zwischen Vorspannkraft F_1 und Polymerkraft F_{pol}, vom EAP stark verformt werden. Beim Anlegen einer Spannung fällt die Vorspannungskraft aufgrund der geringen Steifigkeit des Aktors nur wenig ab. Wäre der Aktor zu steif, fiele die Vorspannkraft schon bei kleinen Auslenkungen u_1 des EAP so stark ab, dass keine Bewegung mehr möglich wäre.

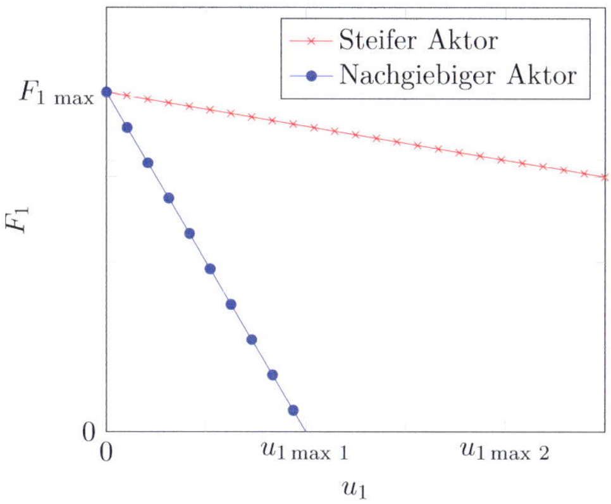

Abbildung 6.12: Vergleich der Federkennlinien zwischen einem gut angepassten, nachgiebigen und einem schlecht angepassten, steifen Aktor.

Neben der Anpassung der Nachgiebigkeit des Aktors an das Polymer ist außerdem das mechanische Übersetzungsverhältnis zwischen den Kräften F_1 und F_2 sowie den Auslenkungen u_1 und u_2 für die Integration des Aktors in den Gesamtaufbau wichtig. Dieses Übersetzungsverhältnis kann an einem Starrkörpermodell abgeschätzt werden. Dazu wird angenommen, dass die Verformungen in den Festkörpergelenken den in allen anderen Bereichen des Aktors so stark überwiegen, dass der Aktor als Baugruppe aus starren Stäben und Gelenken betrachtet werden kann (Abbildung 6.13) [64].

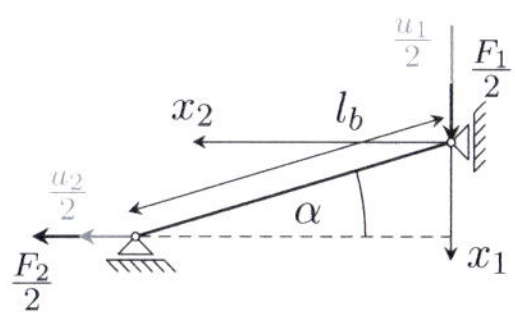

Abbildung 6.13: Starrkörpermodell des Bereiches 2 nach Abbildung 6.10b zur Berechnung der mechanischen Übersetzung

Dadurch, dass sich der Kraftangriffspunkt von F_1 nur in x_1 und der von F_2 nur in x_2-Richtung bewegen kann, folgt einer Auslenkung u_1 zwangsweise eine Auslenkung u_2 mit dem Übersetzungsverhältnis:

$$\frac{F_2}{F_1} = \frac{u_1}{u_2} = \cot\alpha. \tag{6.24}$$

Die Herleitung dieser Gleichung ist im Anhang unter A.2.2 dargestellt. Für die Integration des Aktors in den Gesamtaufbau sollen große Wegänderungen in x_1-Richtung nur kleine Änderungen in x_2-Richtung zur Folge haben. Für die Kräfte gilt das umgekehrt. Dies

erreicht man, wenn der Winkel α möglichst klein ist.
Um den Zusammenhang zwischen beiden Kräften und den resultierenden Verformungen zu beschreiben, kann darüber hinaus die Steifigkeitsmatrix des Aktors als HESSE-Matrix der Verformungsenergiefunktion berechnet werden:

$$\begin{pmatrix} u_1 \\ u_2 \end{pmatrix} = \begin{pmatrix} \frac{\partial^2 U}{\partial F_1 \partial F_1} & \frac{\partial^2 U}{\partial F_1 \partial F_2} \\ \frac{\partial^2 U}{\partial F_2 \partial F_1} & \frac{\partial^2 U}{\partial F_2 \partial F_2} \end{pmatrix} \begin{pmatrix} F_1 \\ F_2 \end{pmatrix} \tag{6.25}$$

$$\begin{pmatrix} u_1 \\ u_2 \end{pmatrix} = \begin{pmatrix} n_{11} & n_{12} \\ n_{21} & n_{22} \end{pmatrix} \begin{pmatrix} F_1 \\ F_2 \end{pmatrix} = \mathbf{N} \begin{pmatrix} F_1 \\ F_2 \end{pmatrix} \tag{6.26}$$

Da die zweite Ableitung von U in allen Fällen stetig ist, kann die Differentiationsreihenfolge vertauscht werden, d.h. es gilt, dass die Nachgiebigkeitsmatrix symmetrisch ist ($n_{12} = n_{21}$). Tabelle 6.3 zeigt die Geometrie- und Materialparameter eines real aufgebauten Aktors entsprechend dem Modell von Abbildung 6.10a.

Tabelle 6.3: Geometrie- und Materialparameter eines Prototypaktors entsprechend Abbildung 6.10a (Lasergesintert aus EOS PA 3200 GF) [54]

Aktorabschnitt	1	2	3	4	5
Länge l_i in mm	44,5	5,0	35,2	5,0	2,5
Steghöhe h_i in mm	5,0	0,8	3,0	0,8	5,0
Aktordicke b_i in mm	2,8	2,8	2,8	2,8	2,8
Querschnitt $A_i = h_i b_i$ in mm^2	14,0	2,2	8,4	2,2	14
Elastizitätsmodul E_i in MPa	2900	2900	2900	2900	2900
Schubmodul G_i in MPa	1070	1070	1070	1070	1070
Trägheitsmoment $I_i = \frac{b_i h_i^3}{12}$ in mm^4	29,17	0,12	6,3	0,12	29,17

Aus diesen Daten wurde die Nachgiebigkeitsmatrix

$$\mathbf{N} = \begin{pmatrix} 12{,}1\,\mathrm{mm\,N^{-1}} & -1{,}5\,\mathrm{mm\,N^{-1}} \\ -1{,}5\,\mathrm{mm\,N^{-1}} & 0{,}5\,\mathrm{mm\,N^{-1}} \end{pmatrix}, \tag{6.27}$$

berechnet. In dieser Matrix ist deutlich das hohe Übersetzungsverhältnis $\frac{n_{11}}{n_{22}}$ zwischen den beiden Lagerpunkten zu erkennen. Der Aktor ist in x_1-Richtung deutlich nachgiebiger als in x_2-Richtung, so dass große Stellwege des Polymers in x_1-Richtung nur geringe Auslenkungen in x_2-Richtung erzeugen. Das ist insbesondere für eine Halterung des Aktors im Gesamtaufbau wichtig.

b. ELEKTROMECHANISCHES MODELL DES EAP

Das elektromechanische Verhalten von EAPs aus PolyPower-Folie kann mit den Gleichungen (4.17) und (4.19) analytisch berechnet werden. Dazu muss zunächst eine geeignete Verzerrungsenergiedichtefunktion ausgewählt werden. Nach ISKANDARANI et al. [35, 36] kann das passive mechanische Verhalten der PolyPower-Folien mit einem MOONEY-RIVLIN-Modell [50] beschrieben werden, bei dem die Verzerrungsenergiedichtefunktion

$$\Psi = C_1(I_1 - 3) + C_2(I_2 - 3), \tag{6.28}$$

ist. Hierbei sind C_1 und C_2 experimentell bestimmte Materialparameter und I_1 und I_2 die ersten beiden Invarianten des CAUCY-GREENschen Verzerrungstensors.
Werden die PolyPower-Folien im Abschnitt 6.4.1a beschriebenen Aktor betrieben, stellt sich ein zweiachsiger Verzerrungszustand ein, in dem nur λ_1 und λ_3 auftreten. Damit ist nach Gleichung (4.4)

$$\mathbf{C} = \begin{pmatrix} \lambda_1^2 & 0 & 0 \\ 0 & 1 & 0 \\ 0 & 0 & \lambda_3^2 \end{pmatrix}. \tag{6.29}$$

und mit den Gleichungen (4.9) und (4.10)

$$I_1 = \lambda_1^2 + 1 + \lambda_3^2, \quad I_2 = \frac{1}{\lambda_1^2} + 1 + \frac{1}{\lambda_3^2}. \tag{6.30}$$

Durch Einsetzen der Gleichungen (6.28) bis (6.30) in Gleichung (4.15) erhält man die Hauptspannungen:

$$\sigma_{\mathrm{pol}\,1} = -p + \lambda_1 \frac{\partial \Psi}{\partial \lambda_1} = 2C_1\lambda_1^2 - \frac{2C_2}{\lambda_1^2} - p, \tag{6.31}$$

$$\sigma_{\mathrm{pol}\,2} = -p + \lambda_2 \frac{\partial \Psi}{\partial \lambda_2} = -p, \tag{6.32}$$

$$\sigma_{\mathrm{pol}\,3} = -p + \lambda_3 \frac{\partial \Psi}{\partial \lambda_3} = 2C_1\lambda_3^2 - \frac{2C_2}{\lambda_3^2} - p. \tag{6.33}$$

Außerdem folgt aus der Inkompressibilität ($\lambda_1\lambda_2\lambda_3 = 1$) des Elastomers

$$\lambda_1 = \frac{1}{\lambda_3}, \tag{6.34}$$

weswegen die Gleichung (6.33) zu

$$\sigma_{\mathrm{pol}\,3} = \frac{2C_1}{\lambda_1^2} - 2C_2\lambda_1^2 - p, \tag{6.35}$$

wird.

Mit einer zusätzlichen Randbedingung lässt sich nun der hydrostatische Druck p bestimmen. Dazu wird die mechanische Spannung σ_3 des Polymers der negativen MAXWELL-Spannung gleichgesetzt:

$$\sigma_{\mathrm{pol}\,3} = -\sigma_{\mathrm{Maxw}}, \tag{6.36}$$

$$\frac{2C_1}{\lambda_1^2} - 2C_2\lambda_1^2 - p = -\varepsilon\left(\frac{U}{d_3}\right)^2, \tag{6.37}$$

$$p = \frac{2C_1}{\lambda_1^2} - 2C_2\lambda_1^2 + \varepsilon\left(\frac{U}{d_{3\,0}}\right)^2\lambda_1^2. \tag{6.38}$$

Der Ausdruck λ_1^2 am Term der MAXWELL-Spannung muss berücksichtigt werden, da sich die Dicke des Polymers durch die Deformation ändert ($d_3 = d_{3\,0}\lambda_3 = d_{3\,0}\lambda_1^{-1}$ nach Gleichung (6.34)). Wird Gleichung (6.38) in (6.32) eingesetzt, kann daraus p bestimmt werden. Anschließen kann $\sigma_{\mathrm{pol}\,1}$ als Funktion der Streckung λ_1 und der angelegten elektrischen Spannung U berechnet werden:

$$\sigma_{\mathrm{pol}\,1} = (2C_1 + 2C_2)\left(\lambda_1^2 - \frac{1}{\lambda_1^2}\right) - \varepsilon\left(\frac{U}{d_{3\,0}}\right)^2\lambda_1^2. \tag{6.39}$$

c. MODELL DES GESAMTAKTORS

Zur Berechnung der Aktoreigenschaften muss Gleichung (6.39) für die mechanische Spannung des elektroaktiven Polymers mit der Steifigkeit des Aktorrahmens gemäß Gleichung (6.23) in Verbindung gebracht werden. Dazu wird angenommen, dass die Vorspannkraft F_{ext} des Aktorrahmens eine gleichmäßig über die komplette Querschnittsfläche $d_3 b_{\mathrm{pol}}$ aus momentaner Polymerdicke $d_3 = d_{3\,0}\lambda_{1\,0}^{-1}$ und -breite $b$pol des Polymers verteilte mechanische Spannung erzeugt, die der Hauptspannung $\sigma_{\mathrm{pol}\,1}$ im Polymer entspricht.
Die Kraft F_{ext}, die durch die initiale Auslenkung des Aktorrahmens erzeugt wird, ist Grundlage für die mechanische Vorspannung im elektroaktiven Polymer, die eine Vorstreckung $\lambda_{1\,0}$ hervorruft. Diese bleibt auch dann erhalten, wenn keine elektrische Spannung am Polymer anliegt. Im Gesamtaktor stellt sich dadurch das mechanische Gleichgewicht

$$\frac{F_{\mathrm{ext}}}{d_{3\,0}b_{\mathrm{pol}}}\lambda_{1\,0} = (2C_1 + 2C_2)\left(\lambda_{1\,0}^2 - \frac{1}{\lambda_{1\,0}^2}\right), \tag{6.40}$$

ein. In diesem Gleichgewicht existieren Freiheitsgrade, die je nach Anforderung optimiert werden können. Die Vorspannkraft

$$F_{\mathrm{ext}} = u_{1\,0}\,k, \tag{6.41}$$

hängt neben der Steifigkeit des Aktorrahmens k auch von der Größe der initialen Auslenkung $u_{1\,0}$ ab. Dadurch wird die initiale Streckung $\lambda_{1\,0}$ des Polymers und die ungedehnte Ausgangslänge $l_{\mathrm{pol}\,0}$ des Polymers festgelegt. Je größer die initiale Auslenkung des Aktors ist, umso größer ist die Vorspannkraft und die Vorstreckung des Polymers. Darüber hinaus

können verschiedene Polymerbreiten b_{pol} verwendet und die Lagenzahl N der Polymerfolie variiert werden. Diese Zahl muss in der Formel berücksichtigt werden, da sich dadurch die Fläche ändert, auf der die Kraft F_{ext} die Vorspannung erzeugt.
Nach der Berechnung der Vorspannung des Polymers kann das gesamte Kräftegleichgewicht zwischen Aktorrahmen und EAP in Abhängigkeit von der angelegten elektrischen Spannung U aufgestellt werden. Dabei ist die aktuelle Streckung $\lambda_{1\,\text{akt}} = \lambda_{1\,0}\lambda_{1\,\text{U}}$ das Produkt aus der Vorstreckung $\lambda_{1\,0}$ und der elektrisch induzierten Streckung $\lambda_{1\,U}$.

$$\frac{u_1(\lambda_{1\,\text{akt}})}{nd_{3\,0}Nb_{\text{pol}}}\lambda_{1\,\text{akt}} \quad = \quad (2C_1 + 2C_2)\left(\lambda_{1\,\text{akt}}^2 - \frac{1}{\lambda_{1\,\text{akt}}^2}\right) - \varepsilon\left(\frac{U}{d_{3\,0}}\right)^2 \lambda_{1\,\text{akt}}^2. \tag{6.42}$$

Im Folgenden soll ein Aktor ausgelegt werden, der die Anordnung aus Abbildung 6.9 nutzt und bei dem als Antriebselement eine Doppelschicht aus PolyPower-Folie zum Einsatz kommt. Tabelle 6.4 zeigt die in der Berechnung verwendeten Materialparameter für das EAP.

Tabelle 6.4: Materialparameter des EAP aus PolyPower-Folie zur Berechnung des Stellweges des EAP-Aktors von Abbildung 6.10

Größe	Wert
Materialparameter C_1 in kPa	70,0 [35]
Materialparameter C_2 in kPa	40,0 [35]
Initialauslenkung $u_{1\,0}$ des Aktorrahmens in mm	6,0
Initialstreckung $\lambda_{1\,0}$ des Polymers	1,05
Relative Permittivität ε_{r}	3 [35]
Absolute Permittivität ε_0 in $\text{A}\,\text{s}\,\text{V}^{-1}\,\text{m}^{-1}$	$8{,}854 \times 10^{-12}$
Initiale Polymerdicke $d_{3\,0}$ in µm	80,0
Polymerbreite b_{pol} in mm	75,0
Anzahl N der Polymerschichten	2
Angelegte elektrische Spannung U in V	0 ... 3000

Abbildung 6.14 zeigt den berechneten Verlauf des Stellweges u_1 des Aktors in Abhängigkeit von der angelegten elektrischen Spannung U. Sie bestätigt den zu erwartenden quadratischen Verlauf.
Bei der maximalen elektrischen Spannung von $U = 3000\,\text{V}$ ergibt sich im Modell ein maximaler Stellweg des Aktors von $u_1 = 2{,}4\,\text{mm}$, was einer spannungsinduzierten Streckung des elektroaktiven Polymers von $\lambda_{1\,U} = 1{,}032$ entspricht.
Da es für einen sicheren Formschluss wichtig ist, dass die bei der Biegung entstehenden Scherkräfte sicher übertragen werden, ist es notwendig, dass eine bestimmte Querschnittsfläche der Formschlusszähne am Aktor in die Lücken in den Formschlussstrukturen an den Schichten eingebracht wird. Da die Formschlussverzahnung an beiden Seiten des Aktors

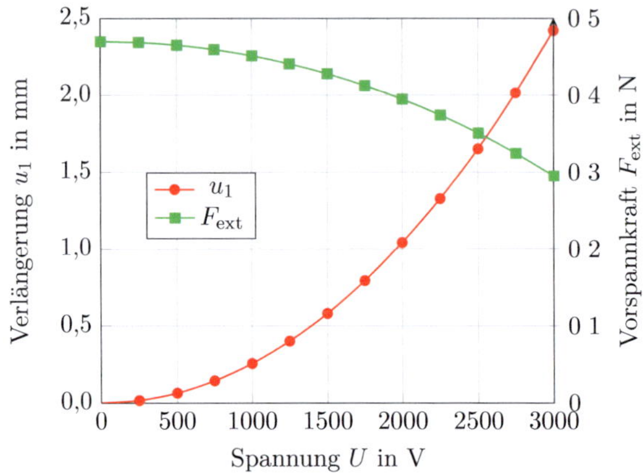

Abbildung 6.14: Verlauf der Verlängerung u_1 und der Vorspannkraft F_{ext} in Abhängigkeit von der am Polymer angelegten elektrischen Spannung U

vorhanden ist, dürfen die Zähne nur maximal $\frac{u_i}{2} = 1{,}2\,\text{mm}$ lang sein. Für einen sicheren Formschluss ist dieser Wert allerdings zu klein. Um signifikant größere Stellwege u_1 zu erzeugen, können anstelle der PolyPower-Folien EAPs aus VHB-Klebeband verwendet werden, die deutlich bessere Materialeigenschaften haben (Tabelle 4.1).
Negativ wirkt sich aber auch die Vorspannung des Polymers durch den Aktorrahmen mit linearer Steifigkeit aus. Wie Abbildung 6.14 zeigt, sinkt die Vorspannkraft F_{ext} von $U = 0\,\text{V}$ bis $U = 3000\,\text{V}$ mit steigender Verlängerung des Aktors von $F_{ext} = 470\,\text{mN}$ auf $F_{ext} = 295\,\text{mN}$, d.h. um fast 40 %.

d. EXPERIMENTELLE UNTERSUCHUNGEN

Um die Funktionsfähigkeit der Aktoren zu überprüfen, wurde ein Prototyp entsprechend der Abbildung 6.9 und den Tabellen 6.3 und 6.4 aufgebaut. Dieser besteht aus einem lasergesinterten Aktorrahmen und zwei Lagen PolyPower-Folie. Die Messungen wurden entsprechend Abschnitt 5.2 durchgeführt.

Spannungs-Verformungsmessung

Für die Messung der Verlängerung u_1 des Aktors in Abhängigkeit von der angelegten elektrischen Spannung U wurde die elektrische Spannung automatisch in 250 V-Schritten von 0 V bis 3000 V erhöht und anschließend wieder in 250 V-Schritten auf 0 V gesenkt. Dabei wurde die Spannung so lange konstant gehalten, bis sich ein stationärer Endwert einstellte. Der Messzyklus wurde zehnmal durchlaufen und dabei der Stellweg des Aktors mit dem Laser-Weg-Sensor gemessen.
Abbildung 6.15 vergleicht die gemessenen Werte und die mit der Gleichung (6.42) berechneten Verläufe für die Verlängerung $u_1(U)$. Im Diagramm sind zwei theoretische Verläufe dargestellt. Die obere Kurve wurde mit der Definition für die MAXWELL-Spannung nach PELRINE [56] berechnet, die untere mit der nach KOFOD [40].

Die gemessene Verlängerung $u_1(U)$ steigt wie erwartet parabelförmig an und erreicht ihr Maximum mit $u_{1\,max} = 1{,}6\,mm$ (Messunsicherheit 0,007 mm) bei $U = 3000\,V$. Alle Werte lassen mit einer sehr geringen Standardabweichung reproduzieren, liegen aber deutlich unter den zuvor analytisch berechneten Werten. Die Kurve für das anschließende Absenken verläuft ebenso parabelförmig, liegt allerdings leicht über der ansteigenden Kurve.

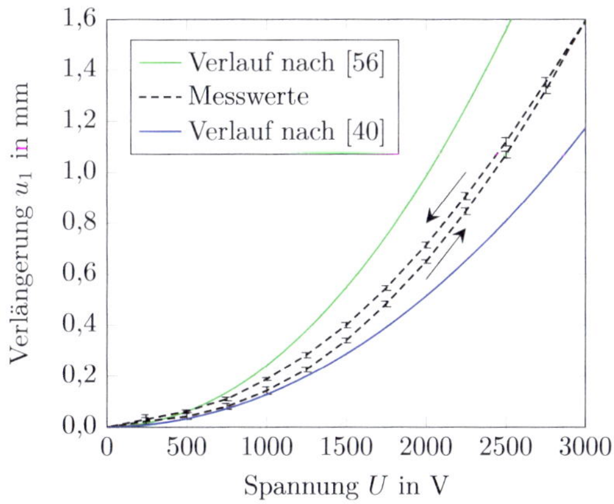

Abbildung 6.15: Vergleich gemessener und berechneter Verläufe der stationären Werte der Verlängerung u_1 eines EAP-Aktors mit linearer Vorspannung gemäß Abbildung 6.9 mit den zwei unterschiedlichen Definitionen für die MAXWELL-Spannung nach [56] und [40]

Die absolute Größe der Messwerte weicht sehr stark von den theoretisch berechneten Werten ab. Dies hat mehrere Ursachen:

- Das Material, aus dem der Aktor gefertigt ist, weist Viskoelastizitäten auf. Das führt dazu, dass die Vorspannkraft nach dem Zusammenbauen des Aktors stetig sinkt und nicht mehr der berechneten entspricht. Das hat den größten negativen Einfluss auf die Verlängerung des Aktors.

- Durch die Fertigung der Aktoren per Hand treten Ungenauigkeiten auf, die sich auf den Spannungszustand im Polymer auswirken und einer idealen Funktionsweise entgegenwirken.

- Das Modell berücksichtigt die passiven Ränder der EAP-Folien nicht. Auch diese wirken der Funktion des EAPs entgegen.

- Die Steifigkeit der Silberelektrode in Bewegungsrichtung wird im Materialmodell nicht berücksichtigt. Diese Steifigkeit wirkt der Bewegung entgegen.

- Die leichte Hysterese der gemessenen Kurve wird durch die viskoelastischen Materialeigenschaften des lasergesinterten Aktorrahmens verursacht.

Unter Berücksichtigung aller dieser negativen Einflüsse wird davon ausgegangen, dass der Aktor im Experiment deutlich geringere Stellwege aufweist als theoretisch vorhergesagt.

Daher wird die obere theoretische Kurve und damit die Definition der MAXWELL-Spannung nach PELRINE als richtig angenommen.

Sprungantwort

Für die Beurteilung der Dynamik der Aktoren wurde der zeitliche Verlauf des Stellweges als Sprungantwort nach 3000 V-Spannungssprüngen aufgenommen. Abbildung 6.16 zeigt die Resultate für einen beispielhaften Spannungssprung. Der Stellweg des Aktors steigt nach dem Spannungssprung zuerst sehr schnell an. Der Anstieg verlangsamt sich allerdings nach kurzer Zeit und steigt langsam weiter auf den Maximalwert. Um die Geschwindigkeit der Aktoren untereinander vergleichen zu können, wurde für alle Messungen die Ansprechzeiten t_A bestimmt, in der der Aktor 97,5 % der maximalen Auslenkung, die in den vorherigen Messungen bestimmt wurde, erreicht hat. Für Aktoren mit linearer Vorspannung liegt die Ansprechzeit bei $t_A = 11{,}76\,\mathrm{s}$ (Messunsicherheit 2,38 s).

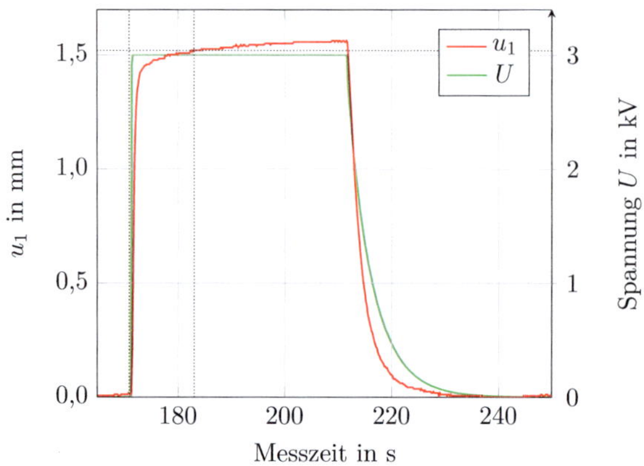

Abbildung 6.16: Stellweg u_1 des Aktors aus Abbildung 6.9 über der Zeit als Sprungantwort nach einem 3000 V-Spannungssprung

Die lange Ansprechzeit ist ebenso wie die Abweichung der maximalen Auslenkung auf die viskoelastischen Eigenschaften des verwendeten Materials zurück zu führen.

Zusammenfassung

Linear vorgespannte EAP-Aktoren auf Basis von PolyPower-Folien sind prinzipiell funktionstüchtig, liegen aber in ihren experimentell ermittelten Bewegungseigenschaften deutlich unter den theoretisch zu erwartenden. Falls die verwendeten Materialien keine, bzw. nur eine geringe Viskoelastizität aufweisen würden, wäre eine Verbesserung der Bewegungseigenschaften denkbar. Aufgrund der komplexen Geometrie und der dadurch aufwendigen Fertigungsverfahren sind aber beispielsweise metallische Werkstoffe für die Aktorrahmen ungeeignet. Für die Anwendung als Formschlussaktoren sind die entwickelten Aktoren nur bedingt geeignet.

6.4.2 NICHTLINEAR VORGESPANNTE EAP-AKTOREN

Um größere Stellwege zu erreichen, wurde wiederum das Funktionsprinzip des Aktors aus Abbildung 6.8 verwendet. Allerdings wurden die Vorspannfedern verändert, da sich die spannungsinduzierten Streckungen im elektroaktiven Polymer durch konstante Vorspannkräfte vergrößern lassen [34]. Das ließe sich durch konstante Gewichtskräfte realisieren, was sich aber konstruktiv nur schwer umsetzen lässt.
Einfacher lässt sich dies erreichen, wenn man Federelemente mit stark nichtlinearen Federkennlinien, wie sie beispielsweise EULERsche Knickstäbe zeigen, verwendet. Diese verformen sich erst nach dem Überschreiten einer kritischen Knickkraft F_{krit} und weisen danach eine im Unterschied zum Knickkraftbereich sehr geringe Steifigkeit auf. Um die Knickfedern in die Aktorrahmen zu integrieren, wird der Rahmen in zwei unabhängige Teile geteilt, die über Gleitführungen miteinander verbunden sind. Die Führungen stellen während des Betriebes sicher, dass sich die Aktorteile immer parallel zueinander bewegen. Abbildung 6.17 zeigt den schematischen Aufbau eines solchen Aktors. Im Anhang ist in Abbildung C.1b ein Foto eines solchen Aktors dargestellt. Auf der Ober- und Unterseite befinden sich die Formschlussverzahnungen. Zwischen den beiden Rahmenteilen, die über die Führungen positioniert sind, wird die EAP-Folie befestigt. Zusammen mit dem EAP wird so ein Vorspannungszustand erreicht, bei dem die kritische Knickkraft F_{krit} überschritten ist und die Federn ausgeknickt sind. Wird anschließend am Polymer eine elektrische Spannung angelegt, wird der Aktor von den Knickfedern nach außen gedrückt.

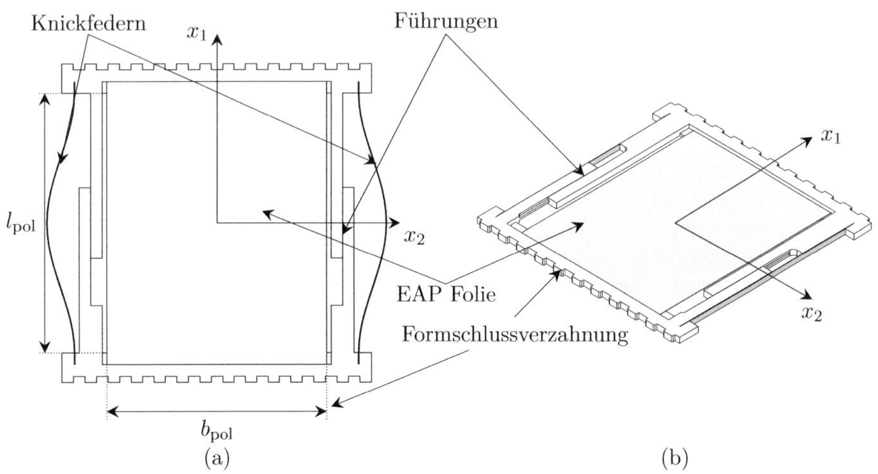

Abbildung 6.17: Aufbau eines EAP-Aktors mit nichtlinearer externer Vorspannung, (a) Draufsicht, (b) 3D-Ansicht. l_{pol} Länge des EAP, b_{pol} Breite des EAP.

a. MODELL DER AKTORRAHMEN

Die Berechnung der Federkennlinie des nichtlinearen Aktors basiert auf der Theorie von Knickstäben im vierten EULER-Fall [74]. Wird ein Knickstab einer Last entlang seiner Längsachse ausgesetzt, so verformt er sich zunächst linear nach dem HOOKEschen Gesetz. Sobald die Kraft F allerdings einen kritischen Wert F_{krit} überschreitet, knickt der Stab zur Seite aus und beginnt sich zu wölben. Wird die Kraft weiter erhöht, verkürzt sich bei entsprechender Lagerung die Länge der Knickfeder in Abhängigkeit von der Kraft weiter. Mithilfe der Theorie der elastischen Stabilität können die kritische Last und die exakte Form des Biegelinienverlaufs der Knickfeder in Abhängigkeit von der Last berechnet werden. Nach TIMOSCHENKO et al. [74] ist die kritische Last eines Knickstabes:

$$F_{\text{krit}} = \frac{\pi^2 K}{(\beta l)^2}. \tag{6.43}$$

Hierbei ist K die Steifigkeit des Stabes, l dessen Länge und β der Knicklängenbeiwert. Letzterer hängt von den Randbedingungen an den Einspannungen bzw. der Lasteinleitung ab. Für den vierten EULER-Fall ist $\beta = 0{,}5$. Die Steifigkeit K berechnet sich zu:

$$K = EI, \tag{6.44}$$

wobei E der Elastizitätsmodul und I das Flächenträgheitsmoment des Stabes im Hinblick auf dessen Ausknicken sind [74]. Damit ergibt sich die kritische Kraft für eine Knickfeder nach dem vierten EULERfall:

$$F_{\text{krit}} = \frac{\pi^2 EI}{(0{,}5l)^2}. \tag{6.45}$$

Um die Verkürzung der Knickfeder in Abhängigkeit von der äußeren Last zu berechnen, wird das von HAUCK et al. in [23] formulierte analytische Modell zur Berechnung des exakten Verlaufs der Biegelinie von Knickstäben nach dem Ausknicken auf dieses Problem angewendet. Betrachtet wird ein beidseitig eingespannter Stab, der durch eine überkritische Kraft $F > F_{\text{krit}}$ geknickt wird. Nach [23] führt der vierte EULER-Fall zu einer Auslenkung in Form einer cos-Funktion (Abbildung 6.18). Die Verschiebung des Kraftangriffspunktes entlang der x-Achse hat keinen Einfluss auf die Länge des Stabes. Für eine korrekte Beschreibung des Ausknickens wird die Bogenlängenkoordinate s eingefügt. Diese beschreibt die Position auf dem ausgeknickten Stab entlang dessen Achse. Zur Berechnung der Steifigkeit des Knickstabes muss die Verschiebung der x-Koordinate $(l - x(s = l))$ des Kraftangriffspunktes in Abhängigkeit von der Kraft F betrachtet werden:

$$k = \frac{F}{l - x(s = l)}. \tag{6.46}$$

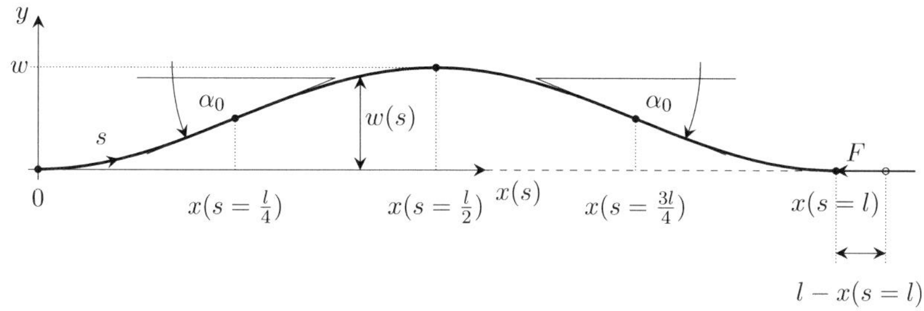

Abbildung 6.18: Modell zur analytischen Berechnung der Knicklinie $w(s)$ eines Knickstabes unter Belastung mit einer überkritischen Kraft $F > F_{\text{krit}}$, x: Position eines Punktes der Bogenlänge s auf der x-Achse

Nach [23, 74] lässt sich zwischen dem Neigungswinkel α der Biegelinie und dem durch die Kraft F hervorgerufenen Moment M der Zusammenhang

$$EI\frac{\mathrm{d}\alpha}{\mathrm{d}s} = -M(s) = -Fw(s) \tag{6.47}$$

aufstellen. Durch eine Differentiation nach der Bogenlänge s ergibt sich

$$\frac{\mathrm{d}^2\alpha}{\mathrm{d}s^2} = -\frac{F}{EI}\frac{\mathrm{d}w}{\mathrm{d}s}. \tag{6.48}$$

Mithilfe des Zusammenhangs $\frac{\mathrm{d}w}{\mathrm{d}s} = \sin\alpha$ und den Randbedingungen $\frac{\mathrm{d}\alpha}{\mathrm{d}s} = 0$ und $\alpha = \alpha_0$ an den beiden Wendepunkten ($s = \frac{l}{4}, s = \frac{3l}{4}$) ergibt sich nach Umformung:

$$\frac{\mathrm{d}\alpha}{\mathrm{d}s} = \pm\xi\sqrt{2}\sqrt{\cos\alpha - \cos\alpha_0} \tag{6.49}$$

mit $\xi^2 = \frac{F}{EI}$. Die Gesamtlänge der Knickfeder kann sich durch das Ausknicken nicht ändern. Eine Integration der Bogenlänge s muss daher die Länge l ergeben:

$$l = \int\limits_{s=0}^{l} \mathrm{d}s. \tag{6.50}$$

Die differentielle Bogenlänge ds kann nach der Gleichung (6.49) mit

$$\mathrm{d}s = \pm\frac{\mathrm{d}\alpha}{\xi\sqrt{2}\sqrt{\cos\alpha - \cos\alpha_0}} \tag{6.51}$$

substituiert werden. Entsprechend laufen die Integrationsgrenzen von α in diesem Fall entlang von $0 \to \alpha_0 \to 0 \to -\alpha_0 \to 0$. Dabei muss beachtet werden, dass die Teilbereiche, in denen α abnimmt, einen negativen Beitrag liefern und damit gemäß Gleichung (6.49) ein zusätzliches negatives Vorzeichen hinzugefügt werden muss. Daraus ergeben sich vier Teilintegrale, die summiert werden:

$$\begin{aligned} l = \int\limits_{s=0}^{l} \mathrm{d}s = \quad & \frac{1}{\xi\sqrt{2}} \left[\int\limits_{0}^{\alpha_0} \frac{\mathrm{d}\alpha}{\sqrt{\cos\alpha - \cos\alpha_0}} - \int\limits_{\alpha_0}^{0} \frac{\mathrm{d}\alpha}{\sqrt{\cos\alpha - \cos\alpha_0}} \right. \\ & \left. - \int\limits_{0}^{-\alpha_0} \frac{\mathrm{d}\alpha}{\sqrt{\cos\alpha - \cos\alpha_0}} + \int\limits_{-\alpha_0}^{0} \frac{\mathrm{d}\alpha}{\sqrt{\cos\alpha - \cos\alpha_0}} \right]. \end{aligned} \tag{6.52}$$

Da diese Integrale nicht ohne weiteres lösbar sind, müssen sie durch weitere Substitutionen in eine bekannte Form überführt werden. Dazu dienen elliptische Integrale der Form

$$K(p_0) = \int\limits_{0}^{\frac{\pi}{2}} \frac{\mathrm{d}\varphi}{\sqrt{1 - p_0^2 \sin^2\varphi}}. \tag{6.53}$$

Die Lösung dieses Integrals ist bekannt. Damit liefern alle vier Teilintegrale von Gleichung (6.52) das gleiche Ergebnis und können zusammengefasst werden. Mithilfe des trigonometrischen Zusammenhangs

$$\sin\frac{x}{2} = \sqrt{\frac{1 - \cos x}{2}} \tag{6.54}$$

wird die Gleichung danach in die Form

$$l = \int\limits_{s=0}^{l} \mathrm{d}s = \frac{2}{\xi} \int\limits_{0}^{\alpha_0} \frac{\mathrm{d}\alpha}{\sqrt{\sin^2\frac{\alpha_0}{2} - \sin^2\frac{\alpha}{2}}} \tag{6.55}$$

überführt. Durch die Substitutionen

$$\sin\varphi = \frac{1}{p_0}\sin\frac{\alpha}{2}, \quad p_0 = \sin\frac{\alpha_0}{2}, \tag{6.56}$$

ergibt sich schließlich eine lösbare Form des Integrals:

$$l = \frac{4K(p_0)}{\xi}. \tag{6.57}$$

Unter Beachtung des Zusammenhangs $\xi^2 = \frac{F}{EI}$ lässt sich daraus für eine gegebene Kraft $F > F_{\text{krit}}$ der sich einstellende Krümmungswinkel α_0 an den Wendepunkten berechnen. Mithilfe der Bedingung, dass bei $F = F_{\text{krit}}$ der Krümmungswinkel $\alpha_0 = 0$ ist, ergibt sich der Zusammenhang

$$\frac{F}{F_{\text{krit}}} = \frac{4K^2(p_0)}{\pi^2}. \tag{6.58}$$

Darüber hinaus lassen sich die Höhe der Ausbeulung $w(s)$ und die x-Koordinaten der Knickfeder $x(s)$ als Funktion des Krümmungswinkels und der Bogenlänge berechnen. Als Ansatz dienen

$$\frac{\mathrm{d}w}{\mathrm{d}s} = \sin\alpha, \quad \frac{\mathrm{d}x}{\mathrm{d}s} = \cos\alpha. \tag{6.59}$$

Durch die bekannten Substitutionen von Gleichung (6.56) und unter Verwendung der unbestimmten elliptischen Integrale erster und zweiter Ordnung

$$\mathcal{F} = \int_{\varphi'=0}^{\varphi'=\varphi} \frac{\mathrm{d}\varphi'}{\sqrt{1-p^2\sin^2(\varphi')}}, \tag{6.60}$$

$$\mathcal{E} = \int_{\varphi'=0}^{\varphi'=\varphi} \sqrt{1-p^2\sin^2(\varphi')}\mathrm{d}\varphi', \tag{6.61}$$

ergeben sich für $w(s)$ und $x(s)$

$$w(s) = \frac{l}{4}\frac{2p_0}{K(p_0)}\left[1-\cos(\varphi)\right], \tag{6.62}$$

$$x(s) = \frac{l}{4}\frac{1}{K(p_0)}\left[2\mathcal{E}(\varphi,p_0)-\mathcal{F}(\varphi,p_0)\right], \tag{6.63}$$

in den Grenzen $0 \leq s \leq l$ bzw. $0 \leq \varphi \leq 2\pi$. Damit lässt sich die Form der Knicklinie von Abbildung 6.18 berechnen. Dafür sind die Ausknickung in der Mitte $w(s=\frac{l}{2}) = w(\varphi=\pi)$ und die Verschiebung am Punkt der Krafteinleitung $x(s=l) = (\varphi = 2\pi)$ ausschlaggebend. Diese hängen ebenso wie die Kraft F vom Winkel α_0 in den Wendepunkten ab, dabei ist $p_0 = \sin\frac{\alpha_0}{2}$:

$$F = F(\alpha_0) = F_{\text{krit}}\frac{4K^2(p_0)}{\pi^2}, \tag{6.64}$$

$$W = w(\varphi=\pi,\alpha_0) = \frac{l}{4}\frac{2p_0}{K(p_0)}\left[1-\cos(\pi)\right], \tag{6.65}$$

$$X = x(\varphi=2\pi,\alpha_0) = \frac{l}{4}\frac{1}{K(p_0)}\left[2\mathcal{E}(2\pi,p_0)-\mathcal{F}(2\pi,p_0)\right]. \tag{6.66}$$

Die drei Gleichungen (6.64) bis (6.66) wurden in MAPLE implementiert. Da ein direktes Umstellen des Gleichungssystems nach $W(F)$ und $X(F)$ aufgrund der Komplexität nicht möglich ist, wurden zunächst die drei einzelnen Verläufe in Abhängigkeit vom Winkel α_0 berechnet. Dazu wurden die Parameter in Tabelle 6.5 verwendet. Die Verläufe der einzelnen Größen sind in Abbildung 6.19 über dem Winkel α_0 dargestellt. Es ist deutlich zu erkennen, dass sich die Kraft F nach Überschreiten der kritischen Last $F_{\text{krit}} = 0{,}75\,\text{N}$ nur noch wenig verändert. Die horizontale Verschiebung des Kraftangriffspunktes $(l - x(s=l))$ steigt hingegen nichtlinear immer stärker an, die Auslenkung W nahezu linear.

Tabelle 6.5: Parameter zur Berechnung der Aktorsteifigkeit eines EAP-Aktors mit nichtlinearer Vorspannung (Variante Nr. 2 in Tabelle 6.2)

Größe	Wert
Elastizitätsmodul E in GPa	206,0
Dicke h der Federn in mm	0,2
Breite b der Federn in mm	1,0
Länge l der Feder in mm	85,0

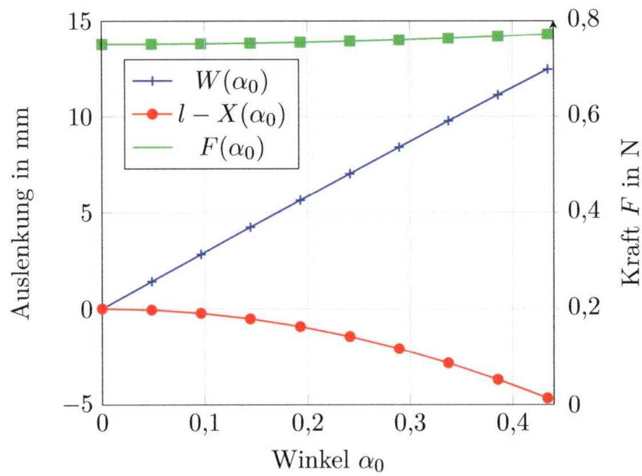

Abbildung 6.19: Verlauf der Ausknickung W, der Verschiebung $l - X$ am Kraftangriffspunkt und der Kraft F in Abhängigkeit vom Winkel α_0 im Wendepunkt der Knickkurve für den Aktor von Abbildung 6.17

Um die Federkennlinie der Knickfedern zu berechnen, wurde für einige Wertepaare $(F(\alpha_0), l - X(\alpha_0))$ eine lineare Regression durchgeführt. Das Ergebnis ist in Abbildung 6.20 dargestellt. Im betrachteten Bereich lässt sich die Kurve sehr gut linearisieren und mit einer Gleichung der Form

$$F(l - X) = F_{\text{krit}} + k(l - X) = 750\,\text{mN} + 4{,}7\,\text{mN}\,\text{mm}^{-1}(85\,\text{mm} - X) \quad (6.67)$$

darstellen. Gleichung (6.67) dient im Folgenden als Grundlage für ein analytisches, elektromechanisches Modell für den gesamten Aktor. Da es sich bei dem verwendeten elektroaktiven Polymer um das gleiche wie im letzten Abschnitt handelt, kann Gleichung (6.42) zur Berechnung verwendet werden.

b. MODELL DES GESAMTAKTORS

Zur Berechnung der Bewegung des kompletten Aktors wird die Gleichung (6.39) für die Hauptspannung im Polymer in Richtung x_1 mit der durch die Federkennlinie der beiden Knickfedern erzeugten Vorspannung kombiniert. Mit der zuvor berechneten Federkennlinie

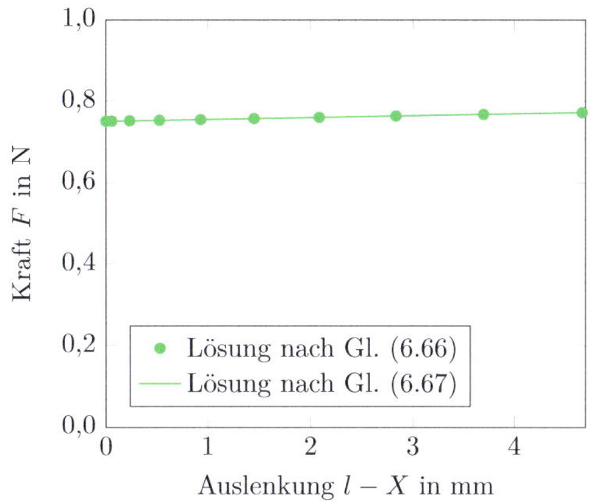

Abbildung 6.20: Kraft-Weg-Kennlinie der Knickfeder Abbildung 6.18 mit den Werten von Tabelle 6.5

von Gleichung (6.67) und den Gleichungen (6.40) und (6.42) lässt sich die Verlängerung des Aktors in Abhängigkeit von der am Polymer angelegten elektrischen Spannung ableiten:

$$\frac{2(F_{\text{krit}} + ku_1(\lambda_{1\,\text{akt}}))}{d_{3\,0} N b_{\text{pol}}} \lambda_{1\,\text{akt}} = (2C_1 + 2C_2)\left(\lambda_{1\,\text{akt}}^2 - \frac{1}{\lambda_{1\,\text{akt}}^2}\right) - \varepsilon \left(\frac{U}{d_{3\,0}}\right)^3 \lambda_{1\,\text{akt}}. \quad (6.68)$$

Zur Berechnung wurden die Polymerparameter von Tabelle 6.4 verwendet. Abweichende Größen sind in Tabelle 6.6 dargestellt. Zunächst wurde der spannungslose Gleichgewichtszustand zwischen elektroaktivem Polymer und Aktorrahmen und darauf aufbauend die Verlängerung in Abhängigkeit von der angelegten elektrischen Spannung berechnet (Abbildung 6.21).

Tabelle 6.6: Parameter zur Berechnung des Stellweges eines EAP-Aktors mit nichtlinearer Vorspannung (Variante Nr. 2 in Tabelle 6.2)

Größe	Wert
Initialauslenkung $u_{1\,0}$ Aktor in mm	4,0
Initialstreckung $\lambda_{1\,0}$ Polymer	1.113
Kritische Last F_{krit} in mN	750
Linearisierte Steifigkeit k in mN mm^{-1}	4,7

Wie beim Aktor mit linearer Federkennlinie steigt der Stellweg u_1 des Aktors quadratisch mit der elektrischen Spannung an, erreicht aber bei $U = 3000\,\text{V}$ mit $u_1 = 4{,}8\,\text{mm}$ und $\lambda_{1\,U} = 1{,}059$ deutlich höhere Werte als der lineare Aktor. Das liegt an der besser angepassten Vorspannung des elektroaktiven Polymers. Die externe Vorspannkraft F_{ext} nimmt zwar auch bei diesem Aktor mit steigender Verlängerung ab, jedoch deutlich weniger als beim

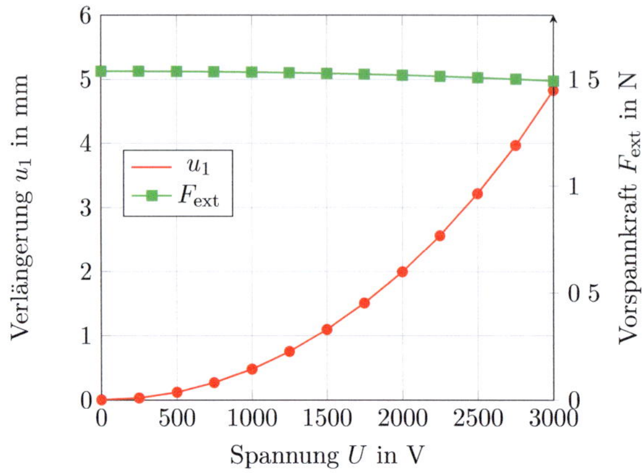

Abbildung 6.21: Stellweg u_1 und Vorspannkraft F_{ext} eines EAP-Aktors gemäß der Tabellen 6.5 und 6.6 in Abhängigkeit von der angelegten elektrischen Spannung U

linearen Aktor. Bei der maximalen Spannung beträgt der Abfall maximal 6,7 %. Das ist weniger als ein Zehntel des Kraftabfalls des linearen Aktors. Es ist zu erwarten, dass ein Aktor mit nichtlinearer Vorspannung in der Praxis deutlich bessere Bewegungseigenschaften hat als ein linear vorgespannter.

c. EXPERIMENTELLE UNTERSUCHUNGEN

Die Funktionsfähigkeit der Aktoren wurde mit dem in Abbildung 6.17 dargestellten Prototypen untersucht. Dieser besteht aus zwei per Stereolithographie hergestellten Rahmenteilen, die von zwei 1 mm breiten Knickfedern auseinander gedrückt werden und drei Lagen PolyPower-Folie, die in den Aktorrahmen geklebt wurden. Die Messungen erfolgen nach dem gleichen Ablauf wie im Abschnitt 6.4.1d..

Spannungs-Verformungs-Messung

Abbildung 6.22 zeigt den Vergleich zwischen dem analytisch berechneten und experimentell gemessenen Verlauf der Verlängerung $u_1(U)$ des Aktors. Die Form der Kurve der gemessenen Verlängerung steigt wie erwartet parabelförmig an und erreicht ihr Maximum von $u_1 = 2{,}6\,\text{mm}$ (Messunsicherheit 0,02 mm) bei $U = 3000\,\text{V}$. Alle Werte lassen sich sehr gut reproduzieren, liegen aber deutlich unter den berechneten Werten. Es wird vermutet, dass diese Abweichungen durch die manuelle Fertigung und die damit entstandenen Abweichungen verursacht werden.

Außerdem tritt eine größere Hysterese als bei den linear vorgespannten Aktoren auf, die durch Reibkräfte in den Führungen des Aktorrahmens verursacht wird.

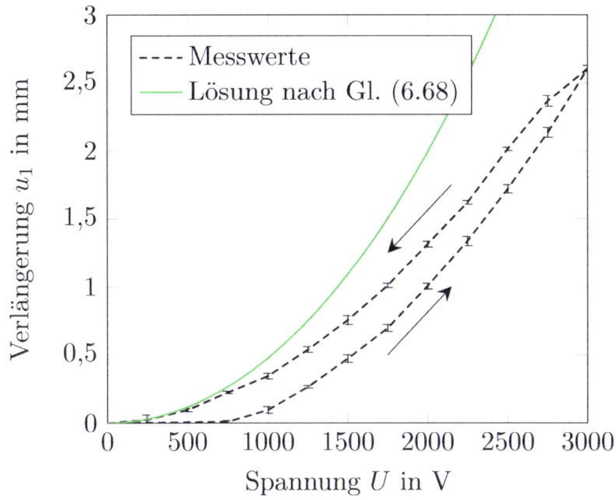

Abbildung 6.22: Vergleich gemessener und berechneter Verläufe des Stellwegs $u_1(U)$ über der angelegten elektrischen Spannung U eines EAP-Aktors mit nichtlinearer Vorspannung gemäß Abbildung 6.17

Sprungantwort

Für die Beurteilung der Dynamik der Aktoren wurde der Stellweg nach Spannungssprüngen von 3000 V gemessen (Abbildung 6.23). Die Ansprechzeit t_A für das Erreichen von 97,5 % des maximalen Stellweges beträgt 2,5 s (Messunsicherheit 0,02 s).

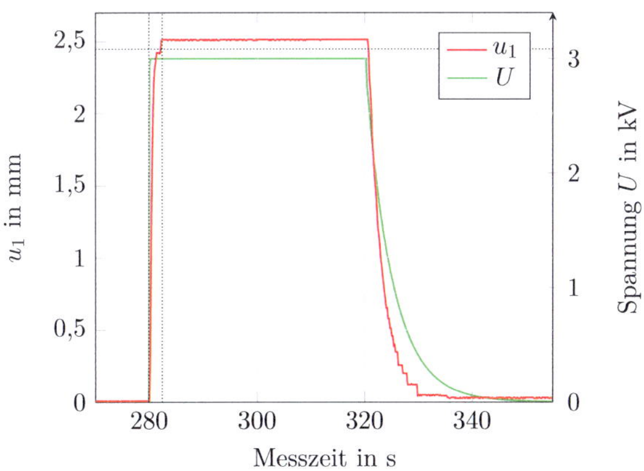

Abbildung 6.23: Stellweg u_1 des Aktors aus Abbildung 6.17 über der Zeit als Sprungantwort nach einem 3000 V-Spannungssprung

Die bessere Dynamik der Aktoren im Vergleich zu den linear vorgespannten aus Abschnitt 6.4.1 wird durch die verwendeten Knickfedern aus Stahl begründet, da diese kein viskosen Eigenschaften aufweisen.

Zusammenfassung
Silikon-EAP-Aktoren mit nichtlinearer Vorspannung ermöglichen deutlich größere Stellwege und eine bessere Dynamik als Aktoren mit linearer Vorspannung. Durch die nichtlinearen Vorspannfedern konnte der maximale Stellweg um 60 % erhöht und die Ansprechzeit um rund 80 % gesenkt werden. Die erreichten Stellwege liegen jedoch auch bei diesen Prototypen infolge der begrenzten Stellwege der PolyPower-Folien weit unter denen, die potenziell mit anderen EAP-Materialien erreichbar sind.

6.4.3 INTERN VORGESPANNTE VHB-AKTOREN

Um die herausragenden Aktoreigenschaften elektroaktiver Polymere, insbesondere für die Anwendung in planaren Strukturen, zu demonstrieren, wurden Aktoren auf Basis von VHB-EAPs aufgebaut. Infolge der großen Ausgangsdicke von 0,5 mm benötigt dieses Material eine biaxiale Vorspannung von mehreren hundert Prozent. Solche Vordehnungen vermeiden auch hochspannungsbedingte Durchschläge [46].
Für Aktoren aus VHB-EAPs sind keine externen Federelemente notwendig, da die Membran durch die großen Vordehnungen in aktive und passive Bereiche, die dann als Aktorelemente bzw. als Vorspannfeder wirken, aufgeteilt werden kann. Um die sehr großen spannungsinduzierten Ausdehnungen der EAPs überhaupt in lineare Bewegungen umzuwandeln, bestehen die Aktoren aus mehreren unabhängigen und frei beweglichen Komponenten.
Es wurden zwei Aktoren mit unterschiedlicher Elektrodenanordnung und Bewegungsrichtung untersucht. Die Abbildungen 6.24a und 6.24c zeigen eine Variante, bei der die Elektrode im mittleren Membranbereich angeordnet ist. Die Membranbereiche ohne Elektrode übernehmen die Funktion der Vorspannfedern. Beim Anlegen einer elektrischen Spannung bewegen sich die Formschlussverzahnungen dieses Aktors nach außen.
Die Abbildungen 6.24b und 6.24d zeigen eine zweite Variante, bei der sich die Elektroden im äußeren Bereich der Membran befinden. Beim Anlegen einer elektrischen Spannung bewegen sich die Formschlussverzahnungen dieses Aktors nach innen, da sich der Membranbereich ohne Elektrode in der Mitte befindet.
Beide Aktorvarianten bestehen prinzipiell aus zwei funktionellen Baugruppen, die jeweils weiteren Bauteile beinhalten:

- Die EAP-Einheit setzt sich aus den folgenden Bauteilen zusammen
  - der vorgespannten VHB-Membran,
  - dem Vorspannrahmen, in den die VHB-Membran eingeklebt ist und der aus je einem Teil auf der Ober- und Unterseite der Membran besteht.
  - den Elektroden, bestehend aus einem Kohlenstoff-Silikonöl-Gemisch (846 Carbon Gease; Fa. MG Chemicals), per Hand mit einem Pinsel aufgebracht.
  - den beiden aus Mylar bestehenden Verbindern auf beiden Seiten des Elektrodenbereichs, die von oben und unten auf die Membran geklebt sind. Mylar ist ein biaxial orientiertes Polyester, klebt hervorragend an dem Klebstoff des VHB und ist deutlich steifer als die Membran.

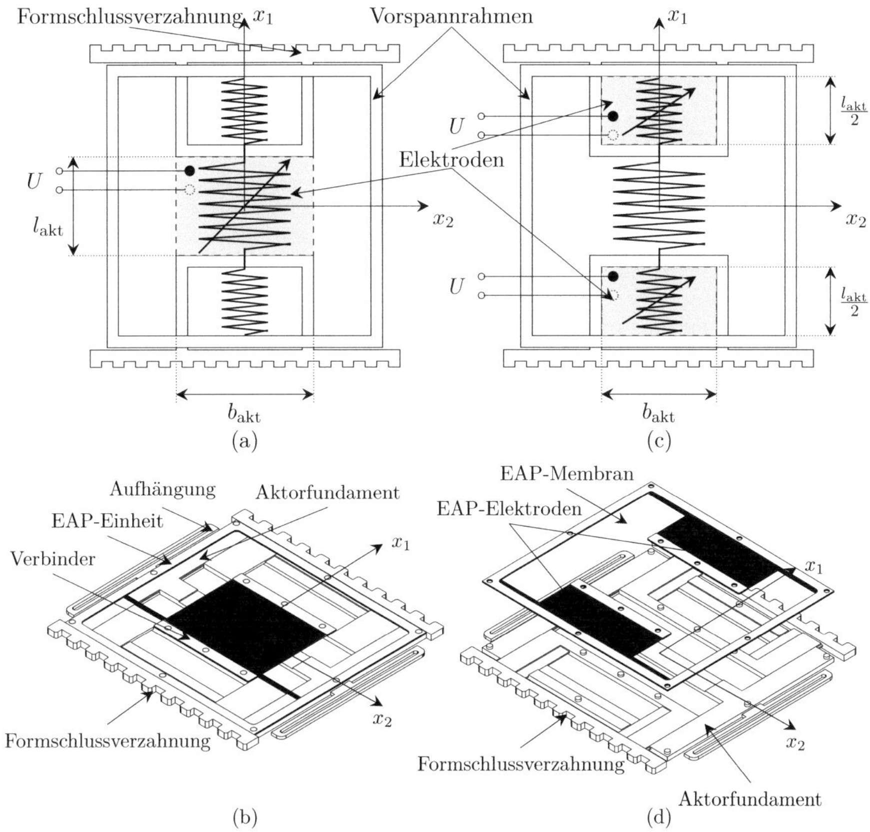

Abbildung 6.24: (a,c) Schematische Darstellung und (b,d) 3D-Ansicht von VHB-EAP-Aktoren. (a,b) Aktor mit Elektroden in der Membranmitte und (c,d) Aktor mit Elektroden im äußeren Membranbereich.

- In den Aktorrahmen wird die EAP-Einheit mithilfe der Löcher im Vorspannrahmen und den Verbindern eingehängt. Der Aktorrahmen wurde mittels Stereolithographie hergestellt und ist dreigeteilt:
    - Das Aktorfundament dient zur Aufnahme der EAP-Einheit und zur Positionierung des gesamten Aktors in den Aktorbereichen.
    - Zwei bewegliche Teile mit Formschlussverzahnungen, die über Gleitschienen durch das Aktorfundament geführt werden.

Die elektrische Zuleitung zu den Elektroden wird durch Leitbahnen aus Silberleitlack zwischen Membran und Rahmen hergestellt. Dadurch können die Elektrodenanschlüsse nach außen geführt werden.

a. HERSTELLUNG DER AKTOREN

Im Gegensatz zu PolyPower-EAPs müssen die EAP-Einheiten für diese Aktoren einzeln hergestellt werden. Um das doppelseitige Klebeband gleichmäßig zweiachsig auf ein Vielfaches der Ausgangsabmessungen vorzuspannen, wurde die Vorspanneinrichtung von Abbildung 6.25 verwendet. Die Funktionsweise ist ähnlich der einer Irisblende. In einer großen, drehbar gelagerten Scheibe sind gebogene Langlöcher eingebracht. In jedem dieser Langlöcher ist ein Bolzen gleitend gelagert, der beim Drehen der Scheibe die acht Vorspannarme gleichmäßig nach außen zieht. Um ein einfaches Gleiten zu ermöglichen, sind zusätzlich Führungsschienen über den Vorspannarmen angebracht.
Ein rundes Stück des VHB-Klebebandes wird mittels lasergeschnittenen Mylar-Clips mit den Vorspannarmen verbunden. Durch Drehen der Scheibe wird das Klebebandstück vorgespannt. Auch wenn die Vorspannung in den Randbereichen nicht gleichmäßig zweiachsig ist, tritt zumindest im Innenbereich der vorgespannten Membran ein annähernd gleichmäßiger Vorspannzustand auf.

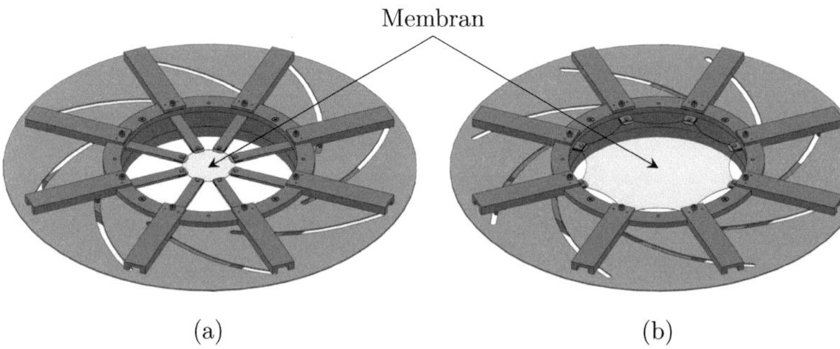

Abbildung 6.25: Vorrichtung zum Vorspannen von VHB-EAP-Membranen, (a) im Ausgangszustand und (b) im vorgespannten Zustand.

Nach dem Vorspannen werden die Mylar-Rahmen und Verbinder direkt auf die Membran aufgeklebt und die Elektroden mit einem Pinsel aufgetragen. Anschließend werden die so hergestellten EAP-Einheiten mit den restlichen Aktorteilen verbunden und die überschüssigen Membranteile abgetrennt.

b. AUSLEGUNG DER AKTOREN

Die Auslegung der beiden Aktorvarianten von Abbildung 6.24 soll auf Grundlage des funktionalen Zusammenhangs zwischen der angelegten elektrischen Spannung und der Bewegung des Aktors erfolgen. Da die Aktoren sowohl in x_1- als auch in x_2-Richtung vorgespannt sind, ist eine analytische Berechnung des komplexen mechanischen Spannungszustandes sehr schwierig. Deshalb sollen im Folgenden FE-Modelle verwendet werden.
Ziel ist dabei in erster Linie die Berechnung der optimalen Elektrodengeometrien (Elektrodenlänge l_{el} und Elektrodenbreite b_{el}) für die Aktoren. Die FE-Umsetzung erfolgt mit dem Programmsystem ABAQUS. Dessen Eignung zur Modellierung von EAP-Aktoren wurde in einer Reihe von Arbeiten gezeigt [52, 69, 75, 76, 80]. ABAQUS bietet die Möglichkeit,

die hyperelastischen bzw. hyper-viskoelastischen Materialeigenschaften zusammen mit der elektromechanischen Kopplung in Material-Subroutinen in das Modell einzubinden. In diesen Subroutinen kann jedes beliebige Materialverhalten mit entsprechenden Verzerrungsenergiedichtefunktionen implementiert werden. In der vorliegenden Arbeit wurde eine Subroutine von O'Brian [52] verwendet, die das hyperelastische Materialmodell von Arruda-Boyce [2] nutzt. Die Materialparameter basieren auf Werten von Wissler [76] und wurden von O'Brian verbessert.
Bei den Modellen wird die doppelte Symmetrie der Aktoren in x_1- und x_2-Richtung ausgenutzt, indem nur ein Viertel des jeweiligen Aktors modelliert wird (Abbildung 6.26).

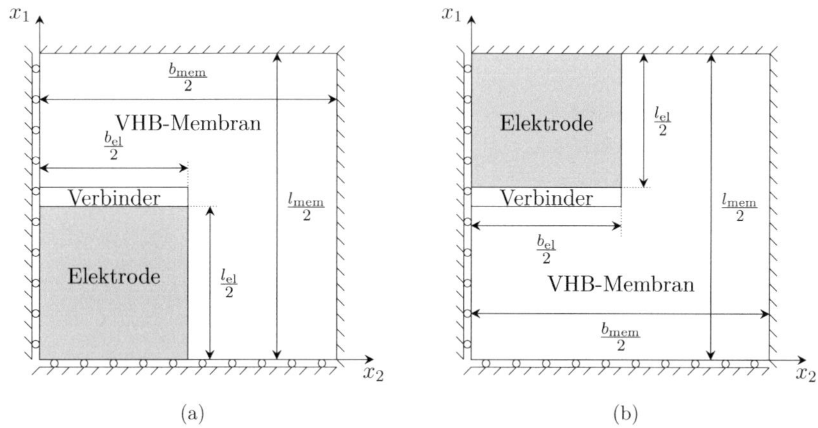

Abbildung 6.26: Viertelmodell der beiden VHB-Aktoren aus Abbildung 6.24, (a) verlängernder Aktor mit Elektroden im mittleren Membranbereich, (b) verkürzender Aktor mit Elektroden im äußeren Membranbereich. l_{el} Elektrodenlänge, b_{el} Elektrodenbreite, l_{mem} Membranlänge, b_{mem} Membranbreite

Für die Berechnungsmodelle beider Aktortypen wurden folgende Randbedingungen und Materialeigenschaften verwendet:

- Die elektromechanischen Eigenschaften der Membran werden mithilfe der UHYPER-Subroutine implementiert.
- Die steifen Mylarrahmen, die mit den Aktorfundamenten verbunden sind, werden als unendlich steif betrachtet.
- Die Symmetrien werden an den Seite $x_1 = 0$ mit $u_2 = 0$ und $x_2 = 0$ mit $u_1 = 0$ berücksichtigt.
- Die Verbinder werden mit den Materialeigenschaften von Mylar modelliert.
- Die Vernetzung des gesamten Modells wird mit Membranelementen (M3D8R) durchgeführt.

Die Subroutine kombiniert die hyperelastischen Eigenschaften des Polymers mit den elektromechanischen Wechselwirkungen durch die MAXWELL-Spannung. Dazu wird die Verzerrungsenergiedichtefunktion Ψ_{pol} des Polymers nach Gleichung (4.14) um einen Term W_{Maxw} für die Energiedichte des elektrischen Feldes über dem Polymer erweitert. Die gesamte Ergiedichtefunktion für das EAP lautet damit:

$$\Psi = \Psi_{\text{pol}} + W_{\text{Maxw}}. \tag{6.69}$$

Für den Anteil Ψ_{pol} des Polymers wird die Verzerrungsenergiedichtefunktion nach ARRUDA-BOYCE [2] verwendet, für den Anteil W_{Maxw} der Energiedichte des elektrischen Felds die allgemein bekannte Definition [4]. Damit wird Gleichung (6.69) zu:

$$\Psi = \mu \cdot \sum_{i=1}^{5} \frac{C_i}{\lambda_{\text{m}}^{i-1}} \cdot (I_1^i - 3^i) + \frac{\varepsilon_0 \varepsilon_r E^2}{2}, \tag{6.70}$$

wobei μ, C_i und λ_m die Materialkonstanten des hyperelastischen Materialmodells sind. Die Berechnung des spannungsinduzierten Stellweges u_1 in Richtung x_1 erfolgt schrittweise:

1. Zur Berechnung des elektromechanischen Gleichgewichts in jedem Punkt des FE-Modells werden zuerst die durch die Vordehnung $\lambda_1 = 3$ und $\lambda_2 = 3$ hervorgerufenen Spannungen $\sigma_{1\,\text{pre}}$ und $\sigma_{2\,\text{pre}}$ berechnet. Sie entsprechen den mechanischen Spannungen $\sigma_{1\,\text{ext}}$ und $\sigma_{2\,\text{ext}}$ aus Gleichung (4.17) bzw. Abbildung 4.3.

2. Die Ergebnisse für $\sigma_{1\,\text{pre}}$ und $\sigma_{2\,\text{pre}}$ dienen als Randbedingungen für die mechanischen Spannungen an den Einspannungen und Symmetrieebenen des Modells.

3. Im dritten Schritt wird die elektrische Spannung an allen Knoten der jeweiligen Membran von 0 V bis 5000 V in 500 V-Schritten erhöht und für jeden Knoten die daraus resultierenden Auslenkungen u_1 und u_2 gespeichert.

4. Im letzten Berechnungsschritt werden die Blockierkräfte der Aktoren berechnet. Dazu werden alle Knoten der Verbinder über zusätzliche Randbedingungen festgehalten ($u_1 = u_2 = 0$). Die resultierenden Blockierkräfte ergeben sich als Summe aller Lagerkräfte in x_1-Richtung an diesen Knoten für den jeweiligen Spannungsschritt zwischen 0 V und 5000 V.

Abbildung 6.27 zeigt beispielhaft die Ergebnisse für einen verlängernden Aktor gemäß Abbildung 6.26a mit der Verlängerung u_1.
Um optimale Elektrodengeometrien für beide Aktortypen zu finden, wurden die beschriebenen Berechnungsschritte für beide Modelle (Abbildung 6.26) jeweils mit 35 unterschiedlichen Wertepaaren aus Elektrodenlänge l_{el} und Elektrodenbreite b_{el} wiederholt. Die Ergebnisse für den maximalen Stellweg $u_{1\,\text{max}}$ und die Blockierkraft F_{block} bei $U = 5000\,\text{V}$ sind in Abbildung 6.28a für den verlängernden Aktor aus Abbildung 6.26a in Abhängigkeit von den Elektrodenabmessungen dargestellt.
Wie erwartet, hängen sowohl der maximale Stellweg $u_{1\,\text{max}}$ als auch die Blockierkraft F_{block} von der Elektrodenlänge l_{el} und -breite b_{el} ab.

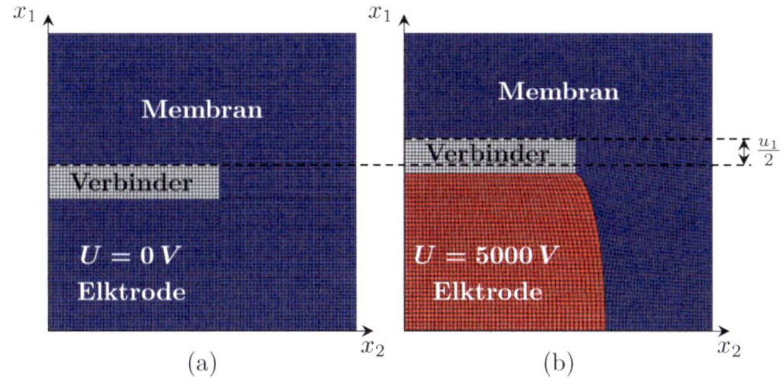

Abbildung 6.27: Berechnungsergebnisse für die Auslenkung u_1 eines verlängernden Aktors gemäß Abbildung 6.26a bei (a) 0 V und (b) 5000 V

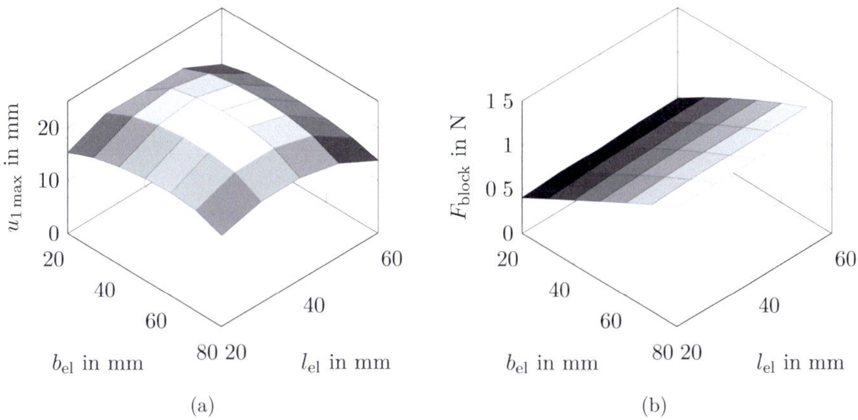

Abbildung 6.28: Simulationsergebnisse zur Bestimmung der optimalen Elektrodengeometrie am Beispiel eines Aktors mit mittlerer Elektrodenposition gemäß Abbildung 6.24b, (a) maximale Verlängerung $u_{1\,\mathrm{max}}$ und (b) maximale Blockierkraft F_block des Aktors bei 5000 V

Maximaler Stellweg

Der maximale Stellweg $u_{1\,\mathrm{max}}$ nimmt mit steigender Elektrodenlänge l_el zu und sinkt nach Überschreiten eines Maximalwertes wieder. Die anfängliche Steigerung hängt damit zusammen, dass sich der Stellweg durch die spannungsinduzierte Streckung $\lambda_{1\,\mathrm{akt}}$ aus der Elektrodenlänge l_el berechnet

$$u_1 = l_\mathrm{el}(\lambda_{1\,\mathrm{akt}} - 1), \tag{6.71}$$

und damit direkt proportional zur Elektrodenlänge ist. Diesem Zusammenhang ist allerdings ein zweiter Effekt überlagert. Da die Vorspannung des EAP-Bereichs durch den passiven

Bereich der Membran erzeugt wird, hängt das Verhalten der Vorspannkraft von der Länge des passiven Membranbereichs

$$l_{\text{pass}} = l_{\text{mem}} - (l_{\text{el}} + 2l_{\text{Vb}}), \tag{6.72}$$

von der Elektrodenlänge und der Länge l_{Vb} der Verbinder ab. Damit ist die passive Membranlänge negativ proportional zur Elektrodenlänge. Je kürzer die passive Membranlänge ist, umso stärker fällt die Vorspannkraft bei Bewegungen des Aktors ab. Je länger die Elektrodenlänge ist, umso stärker tritt dieser Effekt auf. Die optimale Elektrodenlänge beträgt damit:

$$l_{\text{el}} = l_{\text{pass}} = \frac{l_{\text{mem}} - l_{\text{el}}}{2} - l_{\text{Vb}}. \tag{6.73}$$

Ähnlich verhält es sich mit der Elektrodenbreite. Bei schmalen Elektroden überwiegt die Vorspannkraft in x_2-Richtung, sodass die spannungsinduzierte Streckung hauptsächlich in x_2-Richtung geschieht. Je breiter die Elektrode wird, umso geringer ist dieser Effekt. Bei sehr breiten Elektroden behindert die feste Einspannung allerdings die Bewegung in x_1-Richtung. Der Einfluss der Elektrodenbreite ist geringer als der der Elektrodenlänge und lässt insbesondere im Bereich zwischen 40 mm und 60 mm Gestaltungsfreiraum.

Blockierkraft

Die maximale Blockierkraft wird vor allem durch die Elektrodenbreite bestimmt (Abbildung 6.28b), da die Kraft über die mechanische Spannung direkt von der Querschnittsfläche des EAP und diese direkt von der Elektrodenbreite abhängig ist. Der geringe Einfluss der Elektrodenlänge auf die Blockierkraft lässt sich damit erklären, dass mit steigender Elektrodenlänge die durchschnittliche seitliche Streckung λ_2^{akt} im Bereich der Elektroden größer wird. Das führt zur Abnahme der Dicke des Polymers, was wiederum zu einem zusätzlichen Anstieg der MAXWELL-Spannung führt. Da sich diese auch negativ auf die mechanische Spannung $\sigma_{1\,\text{pol}}$ auswirkt, sinkt die Rückstellkraft des EAPs und die resultierende Aktorkraft steigt.

Zusammenfassung

Entwurfsziel bei der Dimensionierung der Aktoren ist eine maximal mögliche Verlängerung $u_{1\,\text{max}}$, während die Blockierkraft von geringerem Interesse ist. Da $u_{1\,\text{max}}$ vor allem durch die Elektrodenlänge l_{el} der Aktoren bestimmt wird, erfolgt die Dimensionierung von l_{el} mit Gleichung (6.73). Die Elektrodenbreite b_{el} wird so bestimmt, dass ihr Einfluss auf den maximalen Stellweg klein ist.

Ein solches Vorgehen hat den Vorteil, dass sich beide Aktortypen aus Abbildung 6.24 auf ein und derselben Membran realisieren lassen, indem sowohl im Bereich zwischen den Verbindern als auch zwischen den Verbindern und dem Rahmen Elektroden aufgebracht werden. Tabelle 6.7 zeigt die Ergebnisse der Geometrieoptimierung für die beiden Elektrodenkonfigurationen von Abbildung 6.24. Die Unterschiede in den Werten für $u_{1\,\text{max}}$ und F_{block} für die beiden Varianten sind in den verschiedenen Randbedingungen begründet.

Tabelle 6.7: Ergebnisse der FE-Berechnung zur Bestimmung einer optimalen Elektrodengeometrie

Aktortyp	l_{el} in mm	w_{el} in mm	$u_1^{\max}$ in mm	F_{block} in N	$\lambda_{1\,\max}$
Verlängernd (Abbildung 6.26a)	36,5	50	23,1	1,9	1,63
Verkürzend (Abbildung 6.26b)	36,5	50	20,1	1,7	1,57

c. EXPERIMENTELLE UNTERSUCHUNGEN

Im Folgenden werden die im letzten Abschnitt berechneten Stellwege und Blockierkräfte der VHB-Aktoren mit optimierter Elektrodengeometrie experimentell untersucht. Aufgrund der biaxialen Auslenkungen der nachgiebigen Elektroden wird zur Messung des Stellweges das in Abschnitt 5.2 beschriebene optische Feldmessverfahren verwendet.

Spannungs-Verformungs-Messung

Die Auslenkung des Aktors hängt aufgrund der hyperelastischen Materialeigenschaften des verwendeten Polymermaterials, entsprechend der Gleichung (4.12), von der angelegten elektrischen Spannung ab, ist aber wegen der viskoelastischen Materialeigenschaften auch von der Zeit abhängig. Im Anhang C sind in der Abbildung C.2 Fotos von VHB-EAPs im Ausgangszustand und bei angelegten elektrischer Spannung an den Elektroden dargestellt. Bei diesem Aktor sind sowohl Elektroden im mittleren als auch im äußeren Membranbereich vorhanden.

Zur Messung der Aktorverlängerung wird das optische Messverfahren aus Abschnitt 5.2.2 verwendet. Abbildung 6.29 vergleicht die berechneten und gemessenen Verläufe der Aktorauslenkung u_1 in Abhängigkeit von der angelegten elektrischen Spannung für beide Elektrodenkonfigurationen aus Abbildung 6.26. In den Experimenten konnten nur Spannungen von $u_{max} = 3000\,\mathrm{V}$ erreicht werden, da die Aktoren bei höheren Spannungen durchschlugen und zerstört wurden. Für beide Aktorarten ist deutlich der erwartete quadratische Verlauf zu erkennen. Die Messungen lieferten die Werte für u_1 in der vorher per FE-Berechnungen ermittelten Größenordnung. Wobei der der verkürzende Aktor größere Abweichungen aufwies.

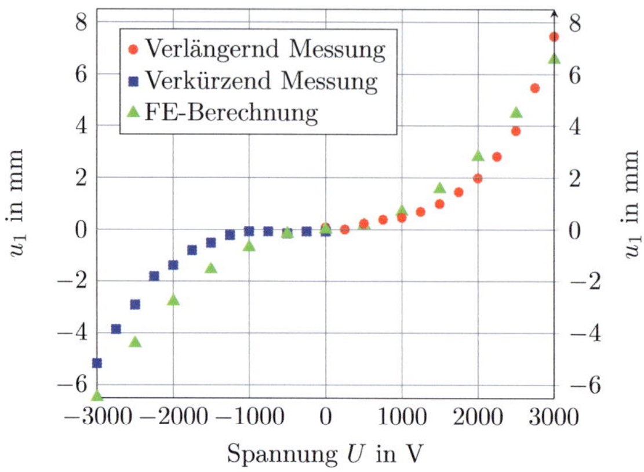

Abbildung 6.29: Gemessene und berechnete Aktorauslenkungen $u_1(U)$ für verlängernde und verkürzende Aktoren gemäß Abbildung 6.24

6.4.4 FGL-FORMSCHLUSSAKTOREN

Formgedächtnislegierungen erzeugen im Allgemeinen größere Stellkräfte als elektroaktive Polymere, allerdings auf Kosten geringerer Stellwege [3], die für Draht-Aktoren bei 3 bis 5 % liegen [68] und mit denen der mit PolyPower-EAPs-Aktoren vergleichbar sind (Abschnitte 6.4.1 und 6.4.2). Um größere Stellkräfte erreichen zu können, wurden Aktoren auf Basis von FGL-Draht-Aktoren entwickelt (Abbildung 6.30): ihr Aufbau ähnelt den Aktoren aus Abschnitt 6.4.2.

a. AUFBAU UND FUNKTIONSWEISE

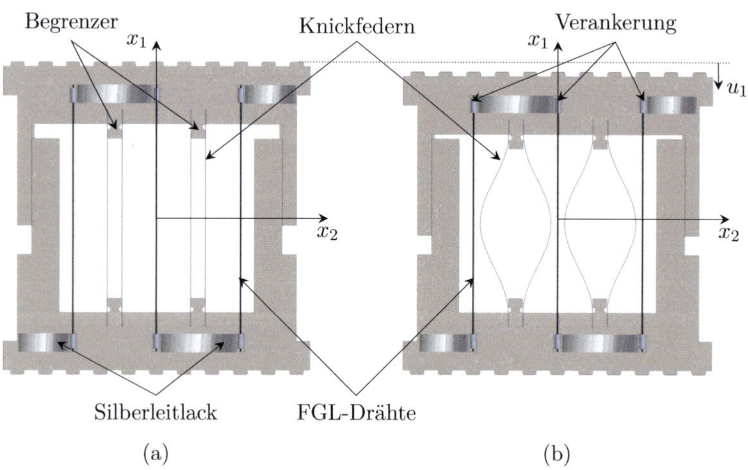

Abbildung 6.30: Aufbau und Funktionsweise von Formschlussaktoren mit FGL-Draht-Antrieb: (a) stromloser Ausgangszustand, (b) bestromter Zustand

Der Aktorrahmen besteht aus zwei einzelnen Teilen, die über Gleitführungen parallel gegeneinander verschiebbar gelagert sind und von vier Knickfedern in Position gehalten werden. Die drei FGL-Drähte sind mittels Crimphülsen im Aktorrahmen befestigt. Um ein gleichmäßiges Aufheizen zu ermöglichen, sind die Drähte durch Leiterbahnen aus Silberleitlack in Reihe miteinander verbunden.

Im Ausgangszustand fließt durch die FGL-Drähte kein Strom (Abbildung 6.30a). Ihre Länge ist genau so eingestellt, dass die Knickfedern nicht ausknicken. Um den Aktor zu verkürzen, werden die in Reihe geschalteten Drähte bestromt. Die nötige Stromstärke hängt dabei vom gewählten Durchmesser ab. Sobald die Temperatur der Drähte die Aktivierungstemperatur T_g von etwa 90 °C überschreitet, verkürzen sich diese um 3 ... 5 %. Dabei wird die Knickkraft der vier Knickfedern überschritten und sie knicken aus. Die vier Begrenzer im Aktor stellen sicher, dass die Knickfedern in die richtige Richtung ausknicken und sich nicht gegenseitig behindern. Die theoretischen Eigenschaften des Aktors sind in Tabelle 6.8 dargestellt.

Tabelle 6.8: Eigenschaften des FGL-Aktors aus Abbildung 6.30

Größe	Wert
Durchmesser d_{FGL} der FGL-Drähte in µm	200
Aktive Länge L_{FGL} der FGL-Drähte in mm	80
Maximaler Stellweg $u_{1\mathrm{max}}$ in mm / in %	2,4 ... 4,0 / 3,0 ... 5,0
Anzahl der N_{FGL} der FGL-Drähte	3
Empfohlene Betriebskraft F_{FGL} pro Draht in N	5
Maximale Betriebskraft F_{FGL} pro Draht in N	19
Länge der Knickfedern l_{K} in mm	65,0
Kritische Knicklast F_{krit} pro Feder in N	3,2

Der Aktor wurde so ausgelegt, dass im erwärmten Zustand die empfohlene Betriebskraft der FGL-Drähte nicht überschritten wird. Es gilt in jedem Betriebszustand des Aktors die Bedingung

$$3F_{\mathrm{FGL}} > F_{\mathrm{ges}}(u), \tag{6.74}$$

zwischen den Kräften F_{FGL} der drei mechanisch parallel wirkenden FGL-Drähte und der Gesamtkraft $F_{\mathrm{ges}}(u)$ der vier Knickfedern in Abhängigkeit von der Auslenkung u des Aktors. Die linearisierte Federkennlinie der Knickfedern kann analog dem Verfahren aus Abschnitt 6.4.2 berechnet werden und führt mit der linearisierten Nachgiebigkeit n zu

$$F_{\mathrm{ges}}(u) = F_{\mathrm{krit}} + nu = 12{,}8\,\mathrm{N} + 0{,}1\,\mathrm{N\,mm^{-1}}u. \tag{6.75}$$

Damit gilt

$$F_{\text{ges}}(u) \; < \; 15\,\text{N}, \; \forall \, u \; < \; 4\,\text{mm}. \tag{6.76}$$

Unter dieser Bedingung können die Aktoren laut Herstellerangaben eine Lebensdauer von etwa 100 000 Lastzyklen erreichen, ohne dass sich ihre Eigenschaften signifikant ändern.

b. EXPERIMENTELLE UNTERSUCHUNGEN

Zum experimentellen Funktionsnachweis der Aktoren wurden zwei Versuchsreihen durchgeführt:

- Als Erstes wurde die Stromstärke in den FGL-Drähten so langsam erhöht, dass die Hysterese der Formgedächtnislegierung sichtbar wird. Dazu wurde der Aktor hochkant eingespannt, wobei der Laserwegmesser die Position am oberen Ende aufzeichnete. Die Stromstärke wurde automatisch durch die LabView-gesteuerte Stromquelle stufenweise in einer Dreiecksfunktion auf $I_{\text{max}} = 0{,}6\,\text{A}$ erhöht und anschließend wieder auf $I_{\text{min}} = 0{,}0\,\text{A}$ verringert. Dabei erfolgte die Erhöhung so langsam, dass die FGL-Drähte nach jedem Stromschritt ihr thermisches Gleichgewicht erreichen konnten.
- In einer zweiten Messreihe wurden die FGL-Drähte, statt mit Dreiecksfunktionen mit Rechteckfunktionen, mit der Amplitude $I = 0{,}6\,\text{A}$, der Periode $T = 90\,\text{s}$ und dem Tastgrad[1] g=0,5 bestromt, um das Zeitverhalten der Aktoren zu bestimmen.

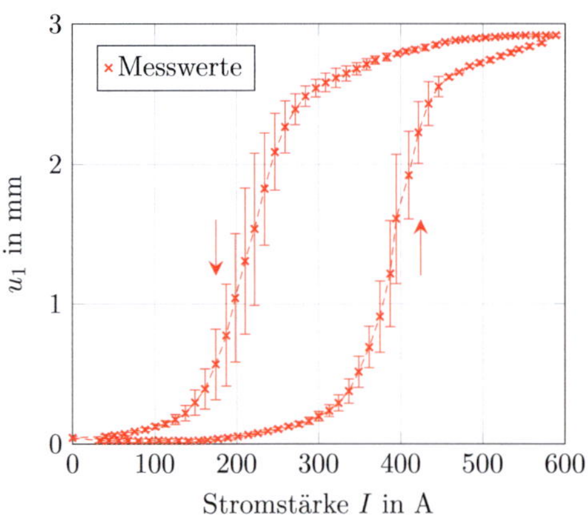

Abbildung 6.31: Auslenkung u_1 eines FGL-getriebenen Aktors nach Abbildung 6.30 in Abhängigkeit von der Stromstärke I. Untere Kurve Erwärmung, obere Kurve Abkühlung

Abbildung 6.31 zeigt den gemittelten Verlauf der Messwerte aus dem ersten Experiment. Die Messwerte zeigen deutlich die erwartete Hysterese des Aktors bei Erwärmung und Abkühlung. Durch die sehr langsame Veränderung der Temperatur und der damit auch langsamen

[1] Verhältnis zwischen der Zeit, in der ein Strom fließt und in der kein Strom fließt

Veränderung der Kräfte F_{FGL} weisen insbesondere die Messwerte im mittleren Bereich von u_1 eine hohe Streuung auf. Dies kann mit reibungsbedingten Sick-and-Slip-Effekten[2] begründet werden, die bei jedem Messzyklus anders ausgeprägt sind und insbesondere im mittleren Bereich auftreten, in dem sich die Auslenkung stark über der Stromstärke ändert. Die Messwertstreuungen im oberen und unteren Auslenkungsbereich sind gering. Die maximale Auslenkung beträgt $u(I_{max}) = 2{,}92\,\text{mm}$ mit einer Messunsicherheit von $8 \times 10^{-3}\,\text{mm}$ und liegt damit im vom Hersteller angegebenen Bereich von 2,4 ...4,0 mm.
Für die Messung des zeitlichen Verhaltens des Aktors wurde die oben beschriebene Messung fünfmal wiederholt und aufgezeichnet. Abbildung 6.32 stellt beispielhaft den Verlauf einer einzelnen Messung dar. Um das zeitliche Verhalten des Aktors mit dem anderer Aktoren

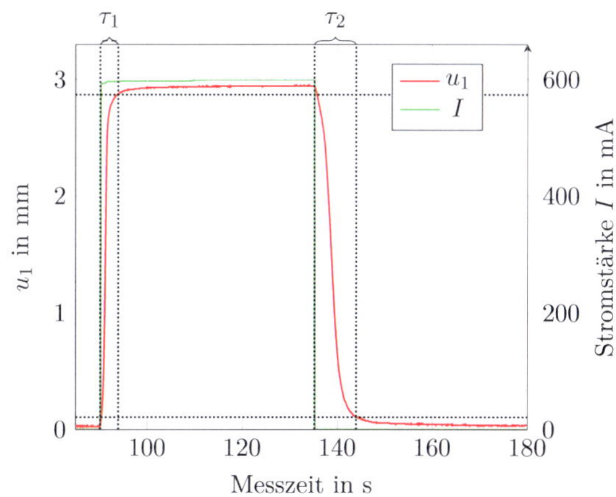

Abbildung 6.32: Auslenkung u_1 eines FGL-getriebenen Aktors nach Abbildung 6.30 infolge eines Rechteckpulses mit $I = 600\,\text{mA}$

vergleichen zu können, wurden die Zeitkonstanten τ_1 und τ_2 berechnet, die der Aktor benötigt, um nach dem Einschalten des Stroms $u_1 = 0{,}95\ u_{1\,max}$ bzw. nach dem Ausschalten des Stroms $u_1 = 0{,}05\ u_{1\,max}$ zu erreichen. Die über alle Messungen gemittelte Anstiegszeit beträgt $\tau_1 \approx 3{,}29\,\text{s}$ bei einer Messunsicherheit von 0,5 s, die Abfallzeit $\tau_2 \approx 9{,}2\,\text{s}$ bei einer Messunsicherheit von 1,0 s.

6.4.5 BISTABILE FGL-FORMSCHLUSSAKTOREN

Aufgrund der großen erreichbaren Kräfte können Formgedächtnislegierungen nicht nur als Drahtaktor, sondern auch in zahlreichen anderen Bauformen mit vergleichsweise großen Stellwegen, wie beispielsweise Spiralfedern, eingesetzt werden. Spiralfedern aus Formgedächtnislegierungen zeichnen sich durch veränderliche Federkennlinien aus. Dies macht sie besonders als in Reihe geschaltete Gegenspieler in Aktoren interessant. Durch das Erwärmen von nur jeweils einer Feder können so Aktoren mit großen Stellwegen in zwei Richtungen hergestellt werden. Das Funktionsprinzip ist dabei ähnlich dem des

[2]Ruckgleiten beim Gegeneinanderbewegen zweier Festkörper. Es kommt abwechselnd zum Haften, gegenseitigen Verspannen und Gleiten

selbstvorspannenden VHB-EAP-Aktors (Abbildung C.2, Abschnitt 6.4.3). Wird ein solcher Aktor zusätzlich mit einem bistabilen Mechanismus versehen, verbleibt der Aktor auch im stromlosen Zustand in einer der beiden stabilen Positionen. Dadurch wird nur zum Umschalten Strom benötigt, was den Energieverbrauch deutlich senkt.
In Abbildung 6.33 ist ein solcher Aktor in seinen beiden stabilen Positionen dargestellt. Der steife Aktorrahmen besteht aus zwei stereolithographisch hergestellten Teilstücken, die mithilfe von Gleitschienen miteinander verbunden sind. Das bistabile Verhalten des Aktors kommt durch vier mechanisch parallel geschaltete Knickfedern zustande. Diese sind so lang, dass sie in jeder Position ausgeknickt sind. Die Steifigkeit der vier Knickfedern ist dabei so gewählt, dass die entstehende Kraft die unbestromten, kalten FGL-Spiralfedern entweder in den stabilen, verlängerten Zustand (Abbildung 6.33a) oder in den stabilen, verkürzten Zustand (6.33b) zwingen. Der neutrale Zustand in der mittleren Position ist mechanisch instabil und wird nur kurzzeitig beim Umschalten zwischen den beiden stabilen Zuständen durchlaufen. Das Umschalten zwischen den beiden stabilen Zuständen erfolgt über vier

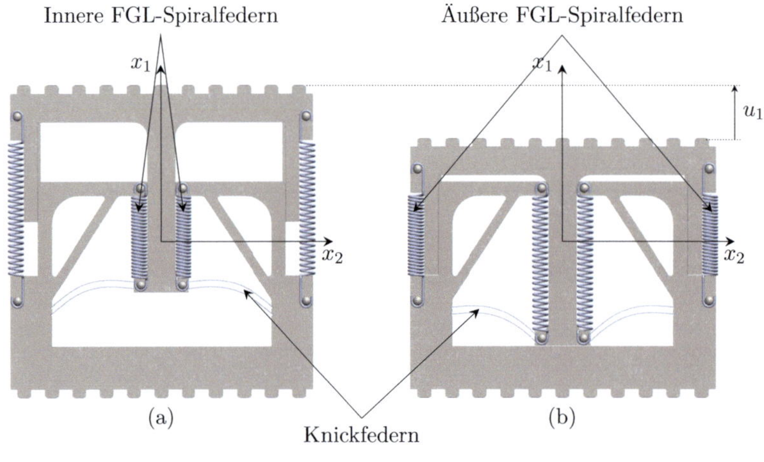

Abbildung 6.33: Aufbau und Funktionsweise bistabiler FGL-Aktoren. (a) Ausgangszustand, (b) bestromter Zustand

einzelne FGL-Spiralfedern, von denen jeweils zwei mechanisch parallel und elektrisch in Reihe geschaltet sind. Der verkürzte Zustand in Abbildung 6.33a wird erreicht, wenn zuvor die beiden inneren FGL-Spiralfedern bestromt werden und sich zusammenziehen. Um von diesem Zustand in den verlängerten (Abbildung 6.33b) zu gelangen, muss der Stromfluss durch die inneren FGL-Spiralfedern abgeschaltet und ein Stromfluss durch die äußeren eingeschaltet werden.

a. MATHEMATISCHE BESCHREIBUNG

Zur mathematischen Beschreibung wird ein vereinfachtes Modell des bistabilen Aktors gemäß Abbildung 6.34 verwendet. Die jeweils parallelen FGL-Spiralfedern werden im Modell zu den Federn FGL 1 und FGL 2 zusammengefasst, ebenso wie jeweils die beiden direkt nebeneinander gelegenen Knickfedern.

Damit das bistabile Umschalten zwischen den zwei stabilen Positionen möglich ist, müssen die einzelnen Federn so dimensioniert werden, dass sich im Modell sowohl in der linken ($u_1 = u_l$) als auch in der rechten Position ($u_1 = u_R$) ein stabiler Zustand einstellt. Das kann einerseits durch ein Kräftegleichgewicht zwischen den Kräften der FGL-Spiralfedern und der Knickfedern erreicht werden:

$$F_{FGL}(u_L) = F_{knick}(u_L); \quad F_{FGL}(u_R) = F_{knick}(u_R), \tag{6.77}$$

andererseits durch Anschläge an den Positionen u_L und u_R. Um Gleichgewichtslagen zu ermitteln, müssen zuvor die Federsteifigkeiten aller beteiligten Bauelemente bestimmt werden.

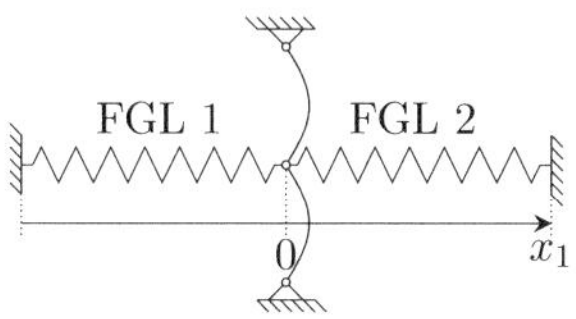

Abbildung 6.34: Modell des bistabilen FGL-Aktors aus Abbildung 6.33

Um die Federsteifigkeit der Knickstäbe zu bestimmen, wird zuerst analog zu den Betrachtungen aus Abschnitt 6.4.2 deren Steifigkeit beim Ausknicken infolge einer Last entlang ihrer Achse berechnet (Abbildung 6.35a). Anschließend wird die Federsteifigkeit bei einer Auslenkung rechtwinklig dazu ermittelt (Abbildung 6.35b).

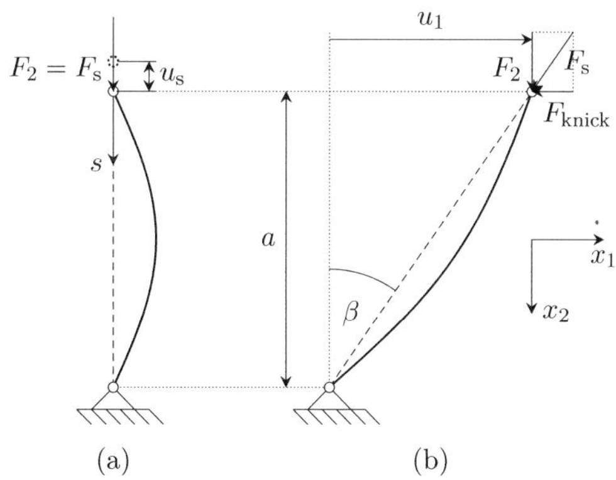

Abbildung 6.35: Modell eines einzelnen Knickstabes im zweiten EULER-Fall, (a) ausgeknickt infolge einer Kraft F_s entlang der ursprünglichen Stabachse s und (b) ausgeknickt infolge einer Kraft F_1 in x_1-Richtung. u_s Auslenkung entlang der ursprünglichen Stabachse, u_1 Auslenkung in x_1-Richtung, F_2 resultierende Kraft in x_2-Richtung, a Abstand zwischen den beiden Teilen des Aktorrahmens gemäß Abbildung 6.33, β Winkel zwischen x_2-Achse und momentaner Stabachse.

Die Knickfedern befinden sich durch die mechanischen Randbedingungen im zweiten EULER-Fall [74] und haben nach dem Überschreiten der kritischen Last entlang der ursprünglichen Stabachse eine Federkennlinie analog der Gleichung (6.67):

$$F_s(u_s) \quad = \quad F_{krit} + k_{knick} u_s. \tag{6.78}$$

Hierbei ist die kritische Last

$$F_{krit} \quad = \quad \frac{\pi^2 EI}{l^2}, \tag{6.79}$$

mit dem Elastizitätsmodul E, dem Flächenträgheitsmoment I und der Ausgangslänge l der Knickfeder. Die Federsteifigkeit k_{knick} wird analog dem Vorgehen aus Abschnitt 6.4.2 linearisiert.

Ausgehend von dieser Federkennlinie kann die Federsteifigkeit für diesen Fall aus Abbildung 6.35b abgeleitet werden. Der Abstand a zwischen den beiden Teilen des Aktorrahmens ist konstant. Daher ist die aktuelle Länge der Knickfeder $(l - u_s)$ und die damit verbundene Kraft F_s vom Winkel β zwischen x_2-Achse und s-Achse abhängig. Der Winkel β wiederum hängt von der Auslenkung u_1 entlang x_1 gemäß des Modells von Abbildung 6.35 ab. Die Kraft F_{knick} ist vom Winkel β und der Kraft F_s abhängig:

$$F_{knick} \quad = \quad F_s \sin\beta \tag{6.80}$$

Der Winkel β kann wiederum als Funktion der Auslenkung u_1 ausgedrückt werden:

$$\beta \quad = \quad \arctan\frac{u_1}{a}. \tag{6.81}$$

Die Kraft F_s ist gemäß Gleichung (6.78) über die Auslenkung

$$u_s = l - \frac{u_1}{\sin\beta} \quad = \quad l - \sqrt{u_1^2 + a^2}, \tag{6.82}$$

von u_1 abhängig:

$$F_s \quad = \quad F_{krit} + k_{knick} u_s \quad = \quad F_{krit} + k_{knick}(l - \sqrt{u_1^2 + a^2}). \tag{6.83}$$

Daraus ergibt sich die Kraft F_1 als Funktion der Auslenkung u_1:

$$F_{knick} \quad = \quad F_s \sin\beta \quad = \quad (F_{krit} + k_{knick} l)\frac{u_1}{\sqrt{a^2 + u_1^2}} - u_1 k_{knick}. \tag{6.84}$$

Die zur Berechnung verwendeten Größen sind in Tabelle 6.9 dargestellt. Daraus ergibt sich die Kennlinie:

$$F_{knick} \quad = \quad 4{,}67\,\mathrm{N}\frac{u_1}{\sqrt{(31\,\mathrm{mm})^2 + u_1^2}} - 0{,}05\,\mathrm{N}\ u_1. \tag{6.85}$$

Im Bereich um den Nullpunkt lässt sich die Kennlinie linearisieren und ergibt für die vier Knickfedern im Aktor eine Gesamtkennlinie

$$F_{\mathrm{bi}} \approx 0{,}38\,\mathrm{N\,mm^{-1}}\,u_1. \tag{6.86}$$

Tabelle 6.9: Geometrische Größen zur Berechnung der Federkennlinie der Knickfedern des FGL-Aktors aus Abbildung 6.33

Größe	Wert
Kritische Kraft F_{krit} in N	3,0
Elastizitätsmodul E in GPa	210
Länge l der Knickfedern in mm	34,0
Abstand a in mm	31
Breite b der Knickfedern in mm	2.5
Höhe h der Knickfedern in mm	0.2
Steifigkeit k_{knick} in $\mathrm{N\,mm^{-1}}$	0,05

Die Herleitung der Federkennlinien von FGL-Spiralfedern ist kompliziert und hängt von mehreren Faktoren ab. Die Steifigkeiten k_{aust} und k_{mart} im austenitischen und martensitischen Zustand sind über die Temperatur von den unterschiedlichen Schubmodulen G_{mart} und G_{aust} der jeweiligen Kristallstruktur abhängig und lassen sich bei Kenntnis des Durchmesser d des FGL-Drahts, dem mittleren Federdurchmesser D_{m} und der Anzahl n der Federwindungen abschätzen [10]:

$$k_i = \frac{G_i d^4}{8 D_{\mathrm{m}}^3 n}. \tag{6.87}$$

Die für die Berechnung der Federsteifigkeiten nach Gleichung (6.87) verwendeten Werte sind in Tabelle 6.10 zusammengestellt.
Aus diesen Werten ergeben sich nach Gleichung (6.87) die Federsteifigkeiten im martensitischen und austenitischen Kristallisationszustand:

$$k_{\mathrm{FGL}}^{\mathrm{mart}} = 0{,}08\,\mathrm{N\,mm^{-1}}, \tag{6.88}$$

$$k_{\mathrm{FGL}}^{\mathrm{aust}} = 0{,}22\,\mathrm{N\,mm^{-1}}. \tag{6.89}$$

Die Werte entsprechen gemessenen Werten und liegen nach Gleichung (6.87) im Zusammenhang mit den Größen aus Tabelle 6.9 im Bereich der möglichen Materialparameter.

Tabelle 6.10: Werte für die Berechnung der Federsteifigkeiten der FGL-Spiralfedern gemäß Gleichung (6.87)

Größe	Wert
Drahdurchmesser d in mm	0,8
Mittlerer Durchmesser D_m der Federn in mm	5,8
Schubmodul G_mart im Martensit in GPa	10 ... 15
Schubmodul G_aust im Austenit in GPa	28 ... 31
Windungszahl n	30

Werden, wie in Abbildung 6.34 dargestellt, jeweils zwei solcher Federn als Gegenspieler mechanisch in Reihe geschaltet, können durch Erwärmung von jeweils einem Paar der Federn große reversible Stellwege realisiert werden. Abbildung 6.36 zeigt den Verlauf der Federkennlinien in einem solchen Aufbau. Sind beide Federn kalt (austenitischer Zustand) oder warm (martensitischer Zustand) stellt sich ein Kräftegleichgewicht im Nullpunkt ein. Wird nur eine Feder erwärmt, wird der Aktor ausgelenkt. Dies kann in beide Richtungen geschehen, so dass der Aktor große Stellwege aufweist. Nach dem Abkühlen würde ein solcher Aktor allerdings immer wieder die Gleichgewichtslage im Nullpunkt einnehmen.

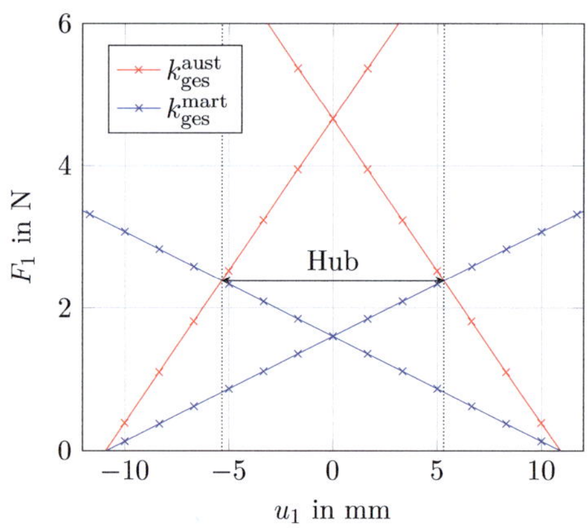

Abbildung 6.36: Federsteifigkeiten $k_\mathrm{ges}^\mathrm{mart}$ und $k_\mathrm{ges}^\mathrm{aust}$ für die im FGL-Aktor verwendeten Federn ohne bistabilen Mechanismus

Wird die Federanordnung mit einer bistabilen Knickfeder kombiniert, verbleibt der Aktor nach dem Abkühlen der FGL-Federn in einer der stabilen Positionen. In einem solchen Aktor existieren vier Zustände, zwischen denen geschaltet werden kann (Abbildung 6.37). Je nachdem, welches Federpaar erwärmt wird, stellen sich unterschiedliche Federkennlinien ein, die entweder in einer der beiden stabilen Positionen oder im Umschalten zwischen diesen resultieren (Abbildung 6.38).

- Sind beide Federn kalt, ist der Aktor in eine Richtung ausgelenkt und befindet sich im Zustand I. Die Kraft der Knickfedern ist größer als die der FGL-Federn und sorgt dafür, dass der Aktor im Anschlag in der Position I verbleibt. Die Federkennlinie $F_{\mathrm{bi}}(u)$ der Knickfeder verläuft steiler als die der kalten FGL-Federn (Abbildung 6.38):

$$F_{\mathrm{bi}}(u) > F_1^{\mathrm{mart}}(u) - F_2^{\mathrm{mart}}(u). \tag{6.90}$$

- Durch das Erwärmen eines Federpaares (FGL 1) steigt die Kraft $F_{\mathrm{FGL\,1}}$ an und zieht den Aktor in die zweite stabile Position (Zustand II), sobald $F_{\mathrm{FGL\,1}}$ die Kraft der Knickfedern und der kalten Federn FGL 2 überschreitet. Die Federkennlinie $F_{\mathrm{bi}}(u)$ der Knickfeder verläuft steiler als die der kalten FGL-Federn (Abbildung 6.38):

$$F_1^{\mathrm{aust}}(u) \quad > \quad F_2^{\mathrm{mart}}(u) + F_{\mathrm{bi}}(u). \tag{6.91}$$

- Nachdem die Federn FGL 1 abgekühlt sind, reicht die Kraft der Knickfedern F_{bi} erneut aus, um den Aktor im Zustand III bei $u = u_{1\,2}$ zu halten:

$$F_{\mathrm{bi}}(u) > F_1^{\mathrm{mart}}(u) - F_2^{\mathrm{mart}}(u). \tag{6.92}$$

- Durch das Erwärmen der Federn FGL 1 überschreitet die Kraft $F_{\mathrm{FGL\,1}}$ die Kraft der Knickfedern und zieht den Aktor in die andere stabile Position (Zustand IV):

$$F_2^{\mathrm{aust}}(u) \quad > \quad F_1^{\mathrm{mart}}(u) + F_{\mathrm{bi}}(u). \tag{6.93}$$

- Nach dem Abkühlen ist der Aktor wieder im stabilen Zustand I.

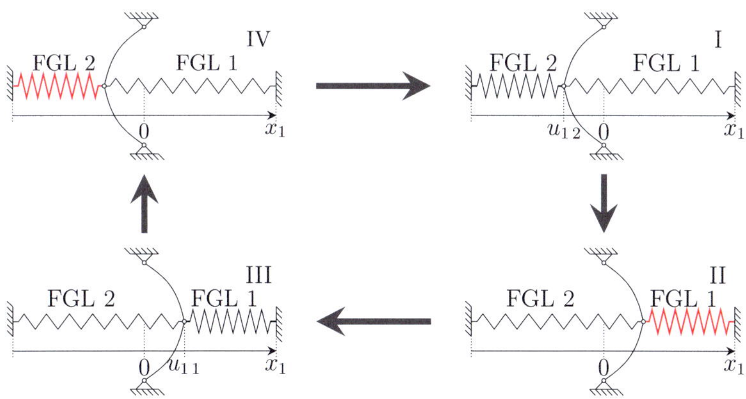

Abbildung 6.37: Schematische Darstellung der beiden stabilen Zustände (I, II) und der Schaltvorgänge (II. IV)

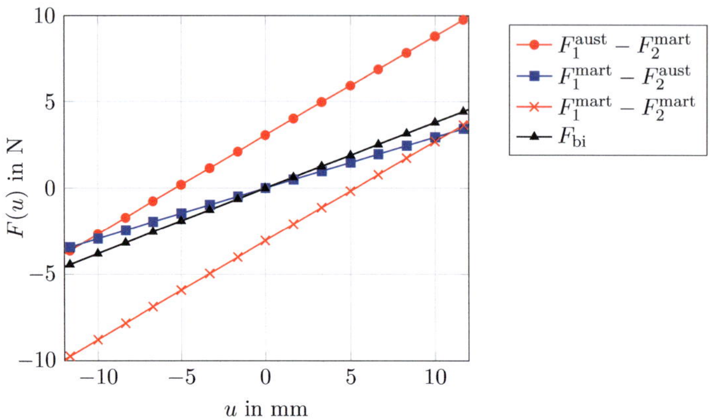

Abbildung 6.38: Verlauf der überlagerten Federkennlinien für die verschiedenen Zustände nach Abbildung 6.37

b. EXPERIMENTELLE UNTERSUCHUNGEN

Zur Bestimmung der Aktoreigenschaften wurden verschiedene Messungen durchgeführt:

1. Zuerst wurde an einem Aktor ohne FGl-Federn das bistabile Verhalten untersucht. Dazu wurde der Aktor auf einer Seite eingespannt und zyklisch um die Nulllage ausgelenkt.

2. Danach wurde an einzelnen FGL-Federn die Federkennlinie sowohl im austeniteischen als auch im martensitischen Zustand bestimmt. Die Ergebnisse dieser Messungen sind bereits in den Gleichungen (6.88) und (6.89) für die Steifigkeiten k_{FGL} verwendet wurden und als idealisierte Kurven in der Abbildung 6.36 dargestellt.

3. Zuletzt wurde die Funktionsfähigkeit der bistabilen Aktoren im Gesamtsystem untersucht, indem abwechselnd jeweils ein Paar der FGL-Federn mittels elektrischem Strom geheizt wurde.

Die Ergebnisse für die Messungen der Federkennlinien sind in Abbildung 6.39 dargestellt. Die Kennlinie für die Knickfederanodnungen weisen eine Hysterese auf, die durch die reibungsbehafteten Gleitführungen hervorgerufen wird. Messungen ohne Federn haben diese bestätigt. Wird die so gemessene Hysteresekurve von den Messwerten abgezogen, liegen die Messwerte im Ursprung. Die mittlere gemessene Steifigkeit $\overline{k}_{bi}$ der bistabilen Knickfedern liegt allerdings mit $\overline{k}_{bi} = 0{,}24\,\mathrm{N\,mm^{-1}}$ deutlich unter der zuvor mit Gleichung (6.86) berechneten. Die Funktionstüchtigkeit des Aktors ist allerdings trotzdem gewährleistet, da auf Grund der Hysterese die Fraft-Weg-Kennlinien der Knickfederanordnung über bzw. unter der der kalten FGL-Federn liegen und der Aktor somit in einer der beiden stabilen Positionen gehalten werden kann. Die Abweichungen kommen aller Wahrscheinlichkeit dadurch zustande, dass die Knickfedern beim Einsetzen in den Aktor per Hand leicht plastisch verformt werden. Diese Verformung hat negative Auswirkungen auf die Knickkraft

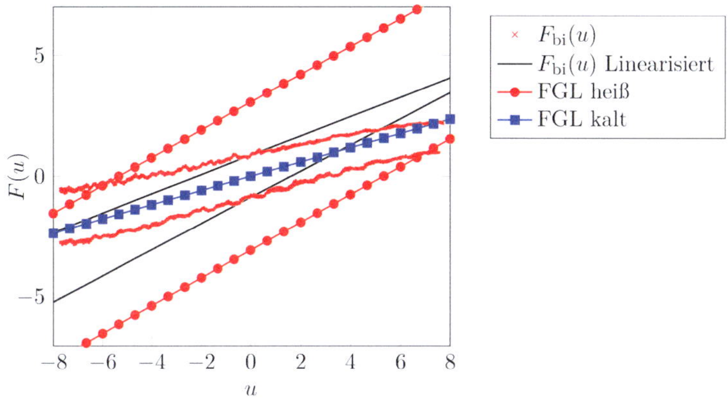

Abbildung 6.39: Verlauf der gemessenen Federkennlinien für einen bistabilen FGL-Aktor nach Abbildung 6.33

und somit auf die Kennlinie der Knickfederanordnung. Um dieses Problem zu lösen, könnte eine größere Anzahl von Knickfedern verwendet werden, die im Ausgangszustand nicht so stark verformt werden müssten, um die nötige Kraft zu erreichen.
Die Messergebnisse für den funktionellen Test sind in Abbildung 6.40 dargestellt. Die Verlängerung des Aktors wird hier ausgehend vom verkürzten Zustand ($u' = 0\,\text{mm}$) gezählt. Die Abbildung 6.40 zeigt beispielhaft den Zyklus mit der maximal erreichbaren Verlängerung von $u' = 13{,}7\,\text{mm}$. Ausgehend von der stabilen Ausgangsposition bei $u' = 0\,\text{mm}$ kann

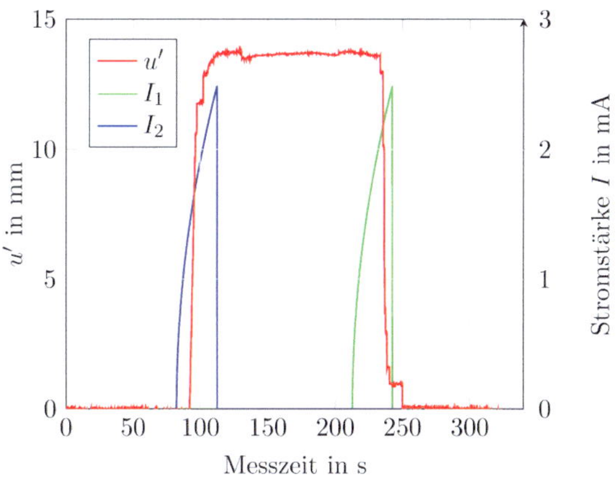

Abbildung 6.40: Darstellung der Verlängerung u_1 in beiden stabilen Schaltzuständen für den Aktor nach Abbildung 6.33 mit den Schaltströmen I_1 und I_2

der Aktor durch einen Stromfluss I_1 durch das erste Paar FGL-Federn in den ausgefahrenen Zustand überführt werden. Nach Abschalten des Stromes bleibt der Aktor in dieser Position und kann durch das Anlegen eine Stromes I_2 wieder in den verkürzten Zustand zurück geführt werden. Nach Abschalten des Stroms ist auch dieser Zustand stabil.

Im Mittel liegt die maximale Verlängerung bei $u' = 12{,}0\,\mathrm{mm}$, die mittlere Abweichung liegt bei $\Delta u' = 1{,}7\,\mathrm{mm}$. Dieser große Wert kann auf die großen Reibungen infolge der Herstellung in 3D-Polymerdruck zurückgeführt werden, da dieses Verfahren zu hohen Oberflächenrauigkeiten führt.
Im derzeitigen Entwicklungsstand sind die Aktoren nicht in den dreischichtigen formschlussbasierten Schichtstapel integrierbar, da die Federn einen mittleren Durchmesser von 5,4 mm haben und die Höhe der Aktorbereiche nur 3 mm beträgt. Der Firma Ingpuls war es nicht möglich Federn mit den gewünschten Eigenschaften mit einem Außendurchmesser von weniger als 3 mm herzustellen.

6.5 VERGLEICH DER AKTOREN

Im Rahmen der Arbeit wurden fünf verschiedene planare Formschlussaktoren zur Einstellung der Nachgiebigkeit von Mehrschichtstapeln entwickelt, aufgebaut und erfolgreich getestet. Die Funktionsweise aller Aktoren konnte in Experimenten nachgewiesen werden. Das Ziel bei der Entwicklung war es, Aktoren mit möglichst großen Stellwegen zu entwerfen. Diese unterscheiden sich je nach Aktorart teilweise stark. Die Haupteigenschaften werden in Tabelle 6.11 gegenübergestellt.
Hauptsächlich hat sich gezeigt dass die EAP-Aktoren geringere Stellkräfte und bei der Verwendung von PolyPower-EAP auch geringe Stellwege aufweisen. Die VHB-Aktoren haben deutlich größere Stellwege. Der allgemeine Vorteil der EAP-Aktoren gegenüber den FGL-Aktoren ist, dass zwar hohe Spannungen benötigt werden, der Energieverbrauch allerdings geringer als bei den FGL-Aktoren ist, da nur sehr geringe Ströme fließen. Die größten Vorteile der FGL-Aktoren sind die Große Stellkraft und die Robustheit.
Prinzipiell sind alle Aktoren bis auf den bistabilen FGL-Aktor im derzeitige Entwicklungsstand zur Einstellung der Nachgiebigkeit in Mehrschichtstapeln einsetzbar. Die Besten Eigenschaften weisen die intern vorgespannten EAP-Aktoren und die einfachen FGL-Aktoren auf.

Tabelle 6.11: Vergleich der entwickelten Aktoren hinsichtlich ihrer Haupteigenschaften

Aktor	$u_{1\,\max}$ in mm	Blockierkraft in N	Geschwindigkeit	Vorteile	Nachteile
Linear vorgespannter EAP-Aktor	1,6	≈ 1	langsam	• EAP kommerziell verfügbar • Geringer Energieverbrauch	• Koplizierter Aufbau • Schlechte Eigenschaften • Sehr hohe Spannungen
Nichtlinear vorgespannter EAP-Aktor	2,6	≈ 1	schnell	• EAP kommerziell verfügbar • Geringer Energieverbrauch	• Koplizierter Aufbau • Schlechte Eigenschaften • Sehr hohe Spannungen
Intern vorgespannter EAP-Aktor	-6,9 ... 7,7	≈ 2	langsam	• Große Stellwege • Kostengünstige Materialien • Gut anpassbar • Skalierbar	• Komplizierter Aufbau • Viskoelastizität
FGL-Formschlussaktor	2,9	$> 10\,\mathrm{N}$	schnell	• Einfacher Aufbau • Große Kräfte • Geringe Spannungen	• Große Ströme • Hoher Energieverbrauch
Bistabiler FGL-Aktor	13,7	$< 10\,\mathrm{N}$	mittel	• Bistabil • Sehr große Stellwege	• Große Ströme • Hoher Energieverbrauch • Derzeit nicht integrierbar

6.6 EXPERIMENTELLE ERGEBNISSE

Zum Funktionsnachweis des Demonstrators (Abbildung 6.7) wurde dieser einseitig eingespannt und am gegenüberliegenden Ende zyklisch um $u = \pm 10\,\text{mm}$ ausgelenkt. Die Auslenkung w und die resultierende Kraft F wurden dabei aufgezeichnet. Die Messergebnisse für eine beispielhafte Messung sind in Abbildung 6.41 dargestellt.
Im Laufe der Messungen zeigte sich, dass sich der Aufbau bezüglich seiner Kraft-Auslenkungskennlinie sehr nichtlinear verhält und in allen Nachgiebigkeitszuständen – ausgenommen vom ersten – über zwei charakteristische Steifigkeitsbereiche verfügt (Abbildung 6.3a).

- Abbildung 6.41 zeigt stellvertretend für die restlichen Steifigkeitszustände die gemessenen Verläufe für den steifsten Zustand. In einem mittleren Deformationsbereich $-w_{\text{mid}} < w < w_{\text{mid}}$ befindet sich der Demonstrator in einem Übergangsbereich, in dem eine mittlere Nachgiebigkeit $k_{\text{mid}\,\text{i}}$ existiert.

- Nach dem Überschreiten dieses Deformationsbereiches geht der Demonstrator in seinen eigentlichen Steifigkeitszustand mit der Steifigkeit k_i über.

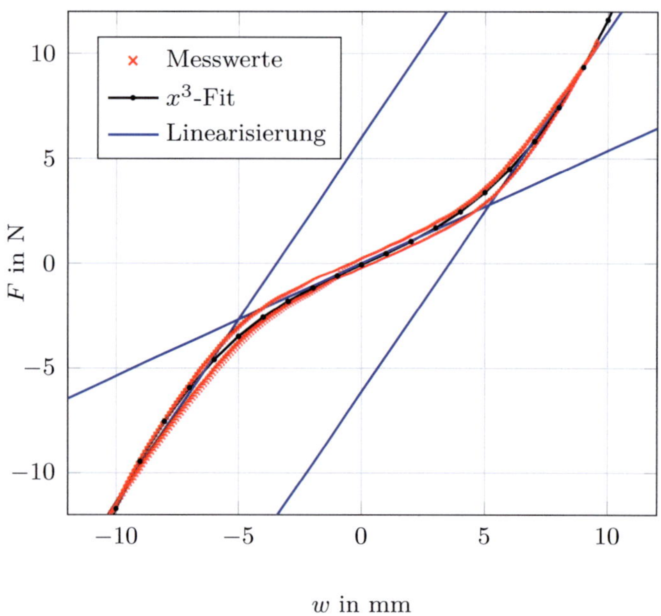

Abbildung 6.41: Gemessene Kraft-Verformungskennlinie für einen dreischichtigen Stapel mit formschlussbasierter Steifigkeitsänderung nach Abbildung 6.7 für den steifsten Zustand mit kubischer Interpolation und linearen Kennlinien

Dieses Verhalten ergibt sich aus dem Formschluss. Die Formschlussverbindung zwischen der Formschlussverzahnung der einzelnen Schichten und denen der Formschlussaktoren

weist ein mechanisches Spiel auf, das den Aktoren die Bewegung und den Umschaltvorgang ermöglicht. Dieses Spiel führt allerdings gleichzeitig dazu, dass erst ein gewisses Maß an Deformation ($|w| > w_{\text{mid}}$) überschritten werden muss, bevor der eigentliche Formschluss und die damit verbundene Steifigkeitsänderung eintritt.
Da nicht an jedem einzelnen Element der Formschlussverzahnungen das gleiche Maß an Spiel vorhanden ist, kommt es bei weiterer Erhöhung der Deformation w zu einer nichtlinearen Steifigkeitssteigerung. Werden durch die Deformation alle Formschlussverzahnungen ausreichend in ihre Gegenspieler gepresst, tritt der eigentliche Formschluss ein und der Demonstrator geht in den endgültigen Steifigkeitszustand über. In diesem stellen sich wieder lineare Steifigkeitskennlinien ein. Um die Messwerte für alle Messungen auszuwerten und miteinander vergleichen zu können, werden die Rohdaten mit kubischen Funktionen:

$$F(w) = aw^3 + bw^2 + cw + d \tag{6.94}$$

interpoliert. Anschließend wird die Lage des Wendepunkts der jeweiligen Funktion bestimmt und die Rohdaten in den eigentlichen Nullpunkt der Kraft-Deformationskennlinie verschoben. Das ist notwendig, da es zwischen den einzelnen Messreihen geringe Abweichungen bezüglich der Nullpunktlage gibt, die damit ausgeglichen werden sollen. Die aufbereiteten Daten werden anschließend in den linearen Bereichen der Kennlinie linearisiert. Durch diese Verfahren ergeben sich für jede Messreihe mehrere charakteristische Größen, die miteinander verglichen werden können:

- Im mittleren Deformationsbereich ergibt sich eine Kennlinie mit der Mittelsteifigkeit k_{mid} der Form:

$$F_{\text{m}}(w) = k_{\text{m}}w. \tag{6.95}$$

- Im oberen bzw. unteren linearisierenbaren Bereich ergeben sich die Kennlinien mit der unteren bzw. oberen Steifigkeit k_u und k_o:

$$F_{\text{u}}(w) = k_{\text{u}}w + n_{\text{u}}, \tag{6.96}$$

$$F_{\text{o}}(w) = k_{\text{o}}w + n_{\text{o}}. \tag{6.97}$$

Dabei weichen die Werte k_{u} und k_{o}, sowie n_{u} und n_{o} geringfügig voneinander ab. Um die einzelnen Steifigkeitszustände miteinander vergleichen zu können, werden der Mittelwert und daraus der Wert $\overline{\mathcal{K}_i}$ gebildet:

$$\overline{k_i} = \frac{k_{\text{u}} + k_{\text{o}}}{2} \tag{6.98}$$

$$\overline{\mathcal{K}_i} = \frac{k_i}{k_a}. \tag{6.99}$$

Die Messungen führen zu den folgenden Schlussfolgerungen:

- Der Vergleich der Absolutwerte der Steifigkeiten $\overline{k}_i$ für alle neun Steifigkeitszustände aus Abbildung 6.3 (Abbildung 6.42a und 6.42b) zeigt eine gute Übereinstimmung der mittels FE-Berechnungen ermittelten und gemessenen Werte. Nur die Werte für den Steifigkeitszustand (a) weichen stark voneinander ab.

- Die Abweichungen für das Steifigkeitsverhältnis $\mathcal{K}$ (Abbildung 7.9c und 7.9d) weisen vor allem in den steiferen Zuständen erhebliche Abweichungen auf. Dies kann damit begründet werden, dass sich bereits geringe Abweichungen der Messwerte im Grundzustand (a) sehr stark auf den gesamten Verlauf der $\mathcal{K}$-Werte auswirken. Diese Abweichung kommt dadurch zustande, dass zwischen den einzelnen Schichten während des Verbiegens Gleitreibung auftritt. Damit beeinflussen sich die Schichten gegenseitig, was zu einer Erhöhung der Steifigkeit und damit zu einer Abweichung vom FE-Modell führt. In der Tabelle 6.12 ist deutlich zu erkennen, dass die Werte $\mathcal{K}_i$ in allen Zuständen um rund 50 % von einander abweichen. Das liegt daran, dass der gemessene Wert für k_a fast doppelt so groß ist, wie der berechnete (Abbildung 6.42b).

Wie in Abschnitt 6.2 beschrieben, liegen die Ergebnisse der analytischen Berechnungen nur für einige Zustände in der Größenordnung der Messergebnisse. Grund dafür ist, dass der Satz von Castigliano nur unter bestimmten Voraussetzungen gültig ist. Speziell in Steifigkeitszuständen, in denen der Bereich II des Mehrschichtstapels ein größeres Flächenträgheitsmoment besitzt, als der Bereich I (z.B. Zustand (b) und (c) aus Abbildung 6.3), führt der Satz von Castigliano zu falschen Ergebnissen. Eine Sperrung des Gleitens im Bereich II beeinflusst in einer gewissen Größe auch das Gleiten im Bereich I. Solche Einflüsse werden in der Gleichung für die Formänderungsenergie nicht berücksichtigt und führen zu großen Fehlern in den analytischen Ergebnissen.
In Tabelle 6.12 sind die Messwerte und die FE-Ergebnisse für alle neun Steifigkeitszustände dargestellt. Die Abweichungen der Werte für die unteren und oberen Steifigkeiten k_u und k_o sind gering. Was bedeutet, dass es keinen Einfluss auf die resultierenden Steifigkeiten hat, ob in einem Dreischichtbalken nur zwischen den unteren oder den oberen beiden Schichten versteift wird, z.B. Fall (c) aus Abbildung 6.3.

Tabelle 6.12: Berechnete und gemessene Parameter für alle die 9 Zustände aus Abbildung 6.3 des dreischichtigen Biegebalkens aus Abbildung 6.7

	Gemessen				Berechnet		Abweichung	
Zust.	k_u in $N\,mm^{-1}$	k_o in $N\,mm^{-1}$	$\overline{k}$ in $N\,mm^{-1}$	$\overline{\mathcal{K}}$	k in $N\,mm^{-1}$	$\mathcal{K}$	$\lvert 1 - \frac{k_{mess}}{k_{ber}} \rvert$ %	$\lvert 1 - \frac{\mathcal{K}_{mess}}{\mathcal{K}_{ber}} \rvert$ in %
(a)	0,119	0,101	0,110	1,00	0,058	1,00	89,5	0
(b)	0,406	0,391	0,399	3,62	0,373	6,43	6,8	43,7
(c)	0,802	0,761	0,781	7,09	0,904	15,586	13,6	54,5
(d)	0,178	0,186	0,182	1,66	0,215	3,706	15,3	55,2
(e)	0,444	0,433	0,438	3,98	0,547	9,431	19,9	57,8
(f)	1,480	1,509	1,494	13,59	1,584	27,310	5,7	50,3
(g)	0,271	0,291	0,281	2,55	0,333	5,741	15,6	55,6
(h)	1,080	1,110	1,090	9,91	1,180	20,345	7,6	51,3
(i)	1,740	1,720	1,730	15,70	1,844	31,793	6,2	50,6

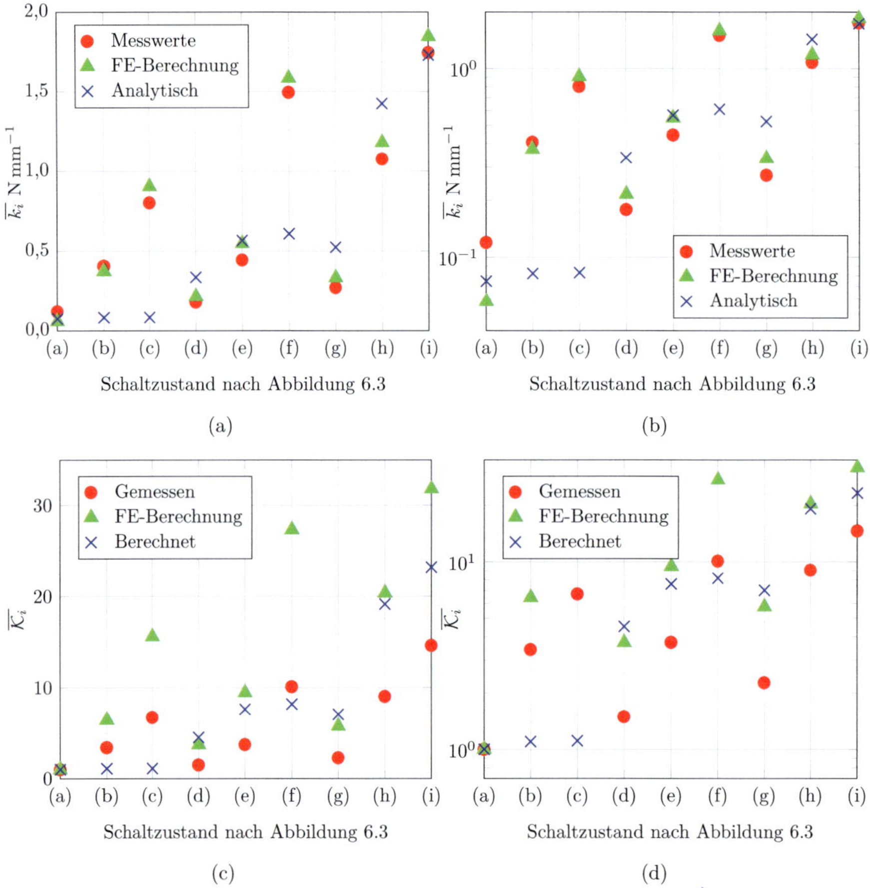

Abbildung 6.42: Vergleich zwischen den berechneten und gemessenen Werten für die absoluten Biegesteifigkeiten $\overline{k_i}$ (a) in linearem und (b) logarithmischem Maßstab und für die relativen Steifigkeitsverhältnisse $\overline{\mathcal{K}_i}$, (c) im linearen und (d) logarithmischen Maßstab, für einen Drei-Schicht-Stapel nach Abbildung 6.7.

7 REIBSCHLUSSBASIERTE SCHICHTSTAPEL

Das Flächenträgheitsmoment eines Schichtstapels kann mittels Reibschluss geändert werden, wenn eine Kraftquelle in die Balkenstruktur integriert wird. Diese muss in der Lage sein, eine ausreichend große Kraft zur Versteifung des Balkens zu erzeugen (Abbildung 7.1).

Der Vorteil einer solchen Konstruktion ist, dass dann weitere Konstruktionselemente zwischen den Schichten nicht mehr notwendig sind. Außerdem können die einzelnen Schichten sehr dünn ausgeführt werden. Das ermöglicht Balken mit sehr vielen Einzelschichten und damit einem großen Steifigkeitsverhältnis $\mathcal{K}_{\mathrm{max}} = \frac{k_{\mathrm{max}}}{k_{\mathrm{min}}}$.

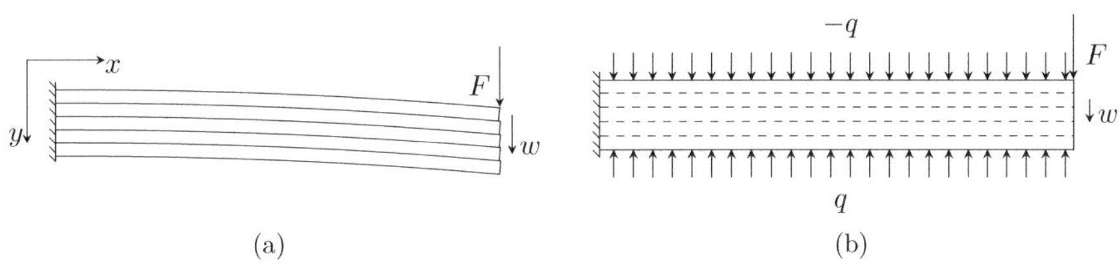

Abbildung 7.1: Reibschlussbasierter Mehrschichtstapel (a) im nachgiebigen und (b) im steifen Zustand infolge einer aufgeprägten Streckenlast q

7.1 AUFBAU UND FUNKTIONSWEISE DER BIEGEFEDER

Die grundlegenden Überlegungen für den in diesem Abschnitt beschriebenen reibschlussbasierten Mehrschichtstapel wurden bereits in [24, 25] veröffentlicht.

7.1.1 REIBSCHLUSS ZUR STEIFIGKEITSSTEUERUNG

Um zwischen dem biegeweichen Zustand (Abbildung 7.1a) und dem biegesteifen Zustand (Abbildung 7.1b) zu schalten, muss eine ausreichend große Reibkraft F_{R} aufgebracht werden, die den Reibschluss zwischen den Schichten erzeugt. Die minimale Größe dieser Reibkraft, die für einen Reibschluss notwendig ist, hängt von der Kraft F, die den Balken verbiegt, ab. Diese Kraft erzeugt eine Schubspannung im Inneren der Balkenstruktur [57]:

$$\tau(y) = \frac{F S_z(y)}{I_{zz} b}. \tag{7.1}$$

Die Schubspannung hängt vom Betrag der Kraft F, dem Flächenmoment erster Ordnung bezüglich der z-Achse, dem Flächenträgheitsmoment I_{zz} und der Breite b der Balkenstruktur ab und ist eine Funktion der Position auf der y-Achse. Hierbei ist A_y eine von der neutralen Faser aus gezählte Teilfläche. Für rechteckige Querschnitte mit der Breite b und der Höhe h ergibt sich die Schubspannungsverteilung

$$\tau(y) = \frac{3}{2}\frac{F}{bh}\left[1 - \left(\frac{2y}{h}\right)^2\right], \tag{7.2}$$

über dem Balkenquerschnitt. Die Schubspannung innerhalb eines Balkens ist abhängig von der Position auf dem Balkenquerschnitt und hat an der neutralen Faser ($y = 0$) den maximalen Wert

$$\tau_{\max} = \frac{3}{2}\frac{F}{bh}. \tag{7.3}$$

Liegen die Schichten locker übereinander und werden verbogen, können an den Berührungsflächen zwischen den einzelnen Schichten keine Schubspannungen übertragen werden. Dadurch bildet jede Schicht einen eigenen, unabhängigen Schubspannungsverlauf über dem Querschnitt mit einer eigenen neutralen Faser aus (Abbildung 7.2a).

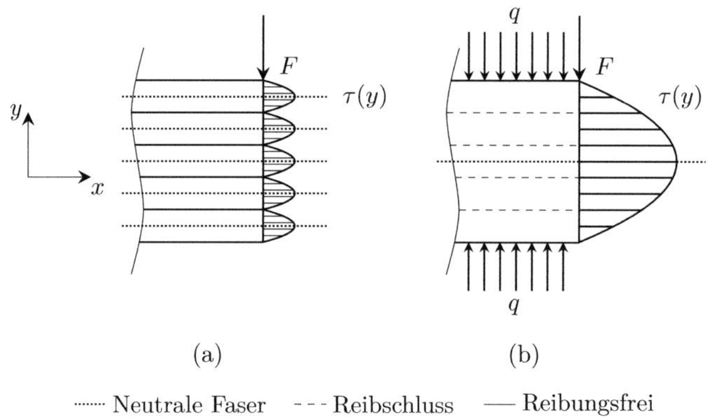

Abbildung 7.2: Verlauf der Schubspannung τ über dem Querschnitt eines Mehrschichtbalkens infolge der Kraft F (a) im biegeweichen Zustand, (b) im biegesteifen Zustand

Durch eine zusätzliche äußere Last, in Form einer Streckenlast q, wird zwischen den Schichten Reibung erzeugt. Sobald diese so groß ist, dass die entstehende Reibspannung σ_R die auftretenden Schubspannungen überschreitet, ändert sich der Schubspannungsverlauf über dem Balkenquerschnitt (Abbildung 7.2b). In diesem Zustand bildet sich über dem

gesamten Balkenquerschnitt ein kontinuierlicher Schubspannungsverlauf aus, so dass nur eine neutrale Faser in der Mitte des Balkens existiert.
Mit Gleichung (7.3) kann berechnet werden, wie groß die äußere Druckspannung mindestens sein muss, um einen ausreichenden Reibschluss zu erzeugen. Dabei wird vorausgesetzt, dass die maximal auftretende Schubspannung an der neutralen Faser durch die Haftreibung zwischen zwei einzelnen Schichten übertragen wird. In diesem Fall gilt

$$\tau_{\max} \ < \ \sigma_{\mathrm{R}}. \tag{7.4}$$

Durch Einsetzen der Gleichung (7.3) in Gleichung (7.4) und der Größen für die Haftreibung [57] folgt

$$\frac{3}{2}\frac{F}{bH} \ < \ \mu_H \frac{ql}{A_{xz}}, \tag{7.5}$$

wobei μ der Haftreibkoeffizient zwischen den Schichten, b und H die Balkenbreite und -dicke, $A_{\mathrm{xz}} = bl$ die Kontaktfläche zwischen den einzelnen Schichten und l die Gesamtlänge des Balkens sind. Durch Umstellen von Gleichung (7.5) ergibt sich die Streckenlast q, ab der durch Reibschluss die Schubspannung vollständig übertragen wird:

$$q \ > \ \frac{3}{2}\frac{F}{H}\frac{1}{\mu_H}. \tag{7.6}$$

Die minimale Streckenlast q entlang des Balkens ist demnach nur von der Balkendicke H und der Biegekraft F, nicht aber von der Position x auf der Längsachse des Balkens abhängig. Das bietet die Möglichkeit, viele einzelne Bereiche des Biegebalkens getrennt voneinander anzusteuern und so einen Balken mit quasi stufenlos einstellbarer Biegenachgiebigkeit aufzubauen.

7.1.2 KONTINUIERLICH STEUERBARE BIEGEFEDERN

Es ist möglich den Balken entlang der x-Achse in einzelne Teilbereiche zu unterteilen, die unabhängig voneinander mit einer Streckenlast q beaufschlagt werden können. Je nachdem, welche Bereiche der Struktur dann durch Reibschluss versteift werden, kann die resultierende Biegesteifigkeit am Krafteinleitungspunkt gezielt eingestellt werden. Der Biegebalken in Abbildung 7.3 kann von der Einspannung aus beginnend stufenlos mit einer ausreichend großen Streckenlast q beaufschlagt werden, um diesen im Bereich $0 \leq x < l_{\mathrm{q}}$ vollständig durch Reibschluss zu versteifen. Dadurch können Mehrschichtbalken mit stufenlos einstellbarer Biegesteifigkeit realisiert werden.
Im Balken existieren dadurch gleichzeitig zwei Bereiche mit unterschiedlichen Flächenträgheitsmomenten. Im vorderen Abschnitt, in dem die Streckenlast wirkt, sind die einzelnen Schichten durch Reibschluss fest miteinander verbunden und das Flächenträgheitsmoment

ist maximal (I_{max}). Im hinteren Abschnitt ohne Reibschluss ist das Flächenträgheitsmoment minimal (I_{min}):

$$I_i = \begin{cases} I_{\mathrm{max}}, & 0 \leq x < l_{\mathrm{q}} \\ I_{\mathrm{min}}, & l_{\mathrm{q}} \leq x \leq l \end{cases} \tag{7.7}$$

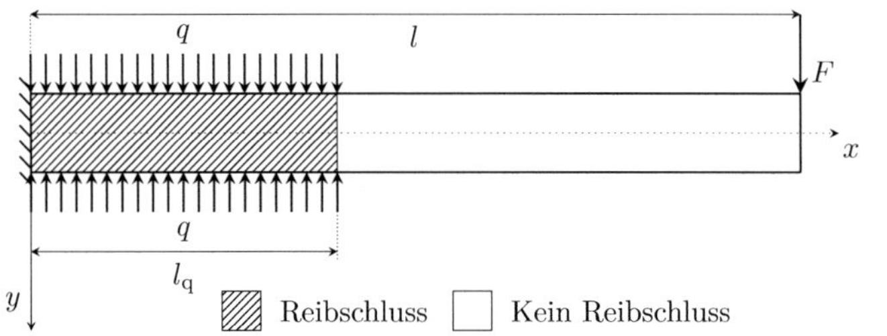

Abbildung 7.3: Biegebalken mit stufenlos einstellbarer Biegesteifigkeit, q Streckenlast, l Balkenlänge, l_{q} Länge der Streckenlast, F Kraft

Damit lässt sich die resultierende Steifigkeit des Biegebalken in Abhängigkeit von der Länge l_q des versteiften Zustands bestimmen. Dazu wird die Auslenkung u und daraus die Steifigkeit k mithilfe des Satzes von CASTIGLIANO [57] aus der elastischen Formänderungsenergie des Gesamtsystems über die partielle Ableitung nach der Kraft berechnet. Wird reine Biegung betrachtet, ist die elastische Formänderungsenergie im jeweiligen Abschnitt U vom Biegemomentenverlauf $M_{\mathrm{Bz}}(x)$, dem Elastizitätsmodul E und dem Flächenträgheitsmoment I_i des jeweiligen Abschnitts abhängig [57]:

$$U_i = \int_{x_0}^{x} \frac{1}{2} \frac{M_{\mathrm{Bz}}^2(x')}{EI_i} \mathrm{d}x'. \tag{7.8}$$

Da der Balken in zwei Abschnitte mit unterschiedlichem Flächenträgheitsmoment unterteilt ist, ergibt sich für den gesamten Balken

$$U = \int_{0}^{l_{\mathrm{q}}} \frac{1}{2} \frac{M_{\mathrm{Bz}}^2(x)}{EI_{\mathrm{max}}} \mathrm{d}x + \int_{l_{\mathrm{q}}}^{l} \frac{1}{2} \frac{M_{\mathrm{Bz}}^2(x)}{EI_{\mathrm{min}}} \mathrm{d}x. \tag{7.9}$$

Die Verformung an der Stelle der Krafteinleitung in Richtung der Kraft wird durch die partielle Ableitung der Formänderungsenergie nach der Verformungsursache, der Kraft F, berechnet [57]:

$$u = \frac{\partial U}{\partial F} = \int_{0}^{l_{\mathrm{q}}} \frac{M_{\mathrm{Bz}}(x)}{EI_{\mathrm{max}}} \frac{\partial M_{\mathrm{Bz}}(x)}{\partial F} \mathrm{d}x + \int_{l_{\mathrm{q}}}^{l} \frac{M_{\mathrm{Bz}}(x)}{EI_{\mathrm{min}}} \frac{\partial M_{\mathrm{Bz}}(x)}{\partial F} \mathrm{d}x. \tag{7.10}$$

Durch ein erneutes Ableiten der Gleichung (7.10) ergibt sich der Zusammenhang zur Berechnung der resultierenden Biegesteifigkeit k an der Stelle der Krafteinleitung:

$$\frac{1}{k} = \frac{\partial u}{\partial F} = \frac{\mathrm{d}}{\mathrm{d}F}\left[\int_0^{l_\mathrm{q}} \frac{M_\mathrm{Bz}(x)}{EI_\mathrm{max}}\frac{\partial M_\mathrm{Bz}(x)}{\partial F}\mathrm{d}x + \int_{l_\mathrm{q}}^{l} \frac{M_\mathrm{Bz}(x)}{EI_\mathrm{min}}\frac{\partial M_\mathrm{Bz}(x)}{\partial F}\mathrm{d}x\right]. \tag{7.11}$$

Unter der Voraussetzung, dass k_min die minimale Steifigkeit des Balkens bei $k_\mathrm{min} = k(l_\mathrm{q} = 0)$ ist, kann mithilfe von Gleichung (7.11) das Verhältnis

$$\mathcal{K} = \frac{k(l_\mathrm{q})}{k_\mathrm{min}} \tag{7.12}$$

für beliebige Längen l_q berechnet werden. Zur besseren Übersichtlichkeit der entstehenden Gleichung werden die Substitutionen

$$\alpha = \frac{l_\mathrm{q}}{l}; \quad \beta = \frac{I_\mathrm{max}}{I_\mathrm{min}}. \tag{7.13}$$

verwendet. Der Wert β entspricht dabei der maximal möglichen Steifigkeitsänderung eines Mehrschichtbalkens $\mathcal{K}_\mathrm{max}$. Für das stufenlos einstellbare Steifigkeitsverhältnis ergibt sich nach einigen Umformungen:

$$\mathcal{K} = \frac{1}{(\alpha-1)^3\left(\frac{1}{\beta}-1\right)+\frac{1}{\beta}}, \tag{7.14}$$

bzw.

$$\mathcal{K} = \frac{1}{(\alpha-1)^3\left(\frac{1}{\mathcal{K}_\mathrm{max}}-1\right)+\frac{1}{\mathcal{K}_\mathrm{max}}}. \tag{7.15}$$

Je nachdem, wie groß das maximale Steifigkeitsverhältnis $\mathcal{K}_\mathrm{max}$ ist, lässt sich gemäß Gleichung (7.15) die Steifigkeit in Abhängigkeit vom Verhältnis α gezielt einstellen. Dabei ist der Verlauf $\mathcal{K}(\alpha)$ extrem nichtlinear. Abbildung 7.4 stellt vier beispielhafte Verläufe für unterschiedliche Werte β dar.

In Abhängigkeit von $\mathcal{K}_\mathrm{max}$ lässt sich die Nachgiebigkeit schrittweise über mehrere Größenordnungen einstellen. Da dieser Wert nach Gleichung (3.12) ausschließlich von der Anzahl N der im Balken verwendeten Schichten abhängt, können theoretisch beliebig große $\mathcal{K}_\mathrm{max}$-Werte eingestellt werden. Daher bieten reibschlussbasierte Mehrschichtstapel eine im Vergleich zu formschlussbasierten Schichtstapeln konstruktiv einfache Möglichkeit, Biegebalken mit veränderlicher Biegenachgiebigkeit zu realisieren. Die konstruktive Herausforderung besteht darin, eine Kraftquelle in den Aufbau zu integrieren, die eine möglichst gut ortsaufgelöste, für den Reibschluss ausreichend große Kraft erzeugt.

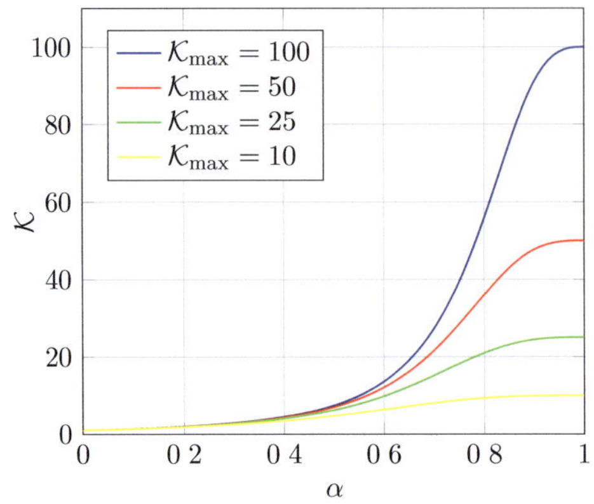

Abbildung 7.4: Steifigkeitsverhältniss $\mathcal{K} = \frac{k(\alpha)}{k_{\min}}$ für mehrschichtige Biegebalken in Abhängigkeit vom Verhältnis α zwischen versteifter Länge l_q und Gesamtlänge l des Mehrschichtbalkens, Parameter: maximales Steifigkeitsverhältnis $\mathcal{K}_{\max} = \frac{k(\alpha=1)}{k_{\min}}$

7.2 KONSTRUKTIVE GESTALTUNG

Zum Nachweis der Funktionsfähigkeit von solchen Mehrschichtbalken mit durch Reibschluss steuerbarer Biegesteifigkeit (Abbildung 7.5) wurde ein Aufbau mit 10 Schichten aus lasergeschnittenem Polycarbonat hergestellt. Um die Streckenlast ortsselektiv zu erzeugen, wurde ein Formgedächtnisdraht um den gesamten Stapel gewickelt. Wobei der Draht abschnittsweise mit Strom gespeist werden kann, so dass der Reibschluss ortsselektiv erreicht wird. Der Durchmesser des FGL-Drahts betrug 0,2 mm. Dadurch ist der zusätzlich benötigte Bauraum vernachlässigbar.

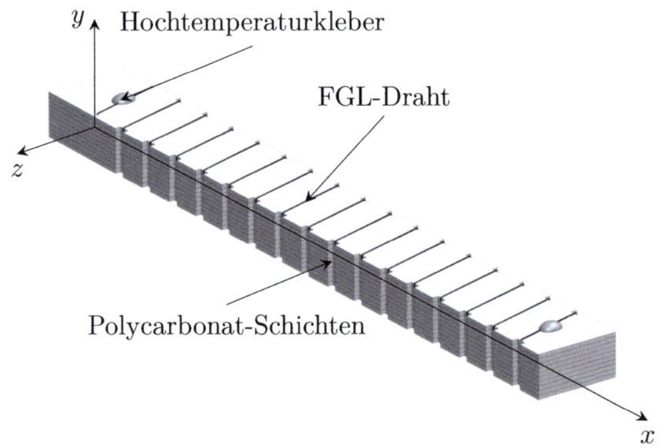

Abbildung 7.5: Demonstrator eines 10-lagigen Mehrschichtstapels aus Polycarbonat mit reibschlussgesteuerter Biegesteifigkeit und einem Formgedächtnisdraht als Kraftquelle

Die ortsselektive Ansteuerung erfolgt durch ein Anlegen elektrischer Spannung zwischen der ersten Windung an der Einspannung und einer beliebigen anderen Windung entlang des Balkens. Da alle Windungen in Reihe geschaltet sind, erwärmt sich der Draht gleichmäßig in dem Teil, durch den ein Strom fließt. Infolge der Verkürzung des Drahtes bei Erwärmung werden die Schichten im bestromten Bereich zusammengepresst und der Balken wird versteift. Dabei ist die Möglichkeit der stufenlosen Steuerung der Biegesteifigkeiten durch die Anzahl der Windungen begrenzt. Zur Befestigung des Drahtes wurde dieser mit einem Hochtemperaturkleber an der ersten und der letzten Windung mit dem Mehrschichtstapel verklebt. Eine Übersicht über alle Material- und Geometrieparameter des Demonstrators wird in Tabelle 7.1 gegeben.

Tabelle 7.1: Eigenschaften des reibschlussgesteurten Mehrschichtstapels mit steuerbarer Biegenachgiebigkeit nach Abbildung 7.5

Größe	Wert
Anzahl N der Schichten	10
Dicke d der Schichten in mm	0,75
Länge l des Balkens in mm	120
Breite b des Balken in mm	15
Anzahl der unabhängigen Windungen	16
Maximale Kraft F_{krit} pro Windung in N	38

Zur Berechnung aller möglichen Steifigkeitszutände, die sich mit den 16 unabhängig voneinander ansteuerbaren FGL-Drahtwindungen einstellen lassen, wird das Modell von Abbildung 7.3 modifiziert. Statt einer stufenlos veränderbaren Länge l_q der Streckenlast q, werden im Modell für den realen Biegebalken 16 einzeln ansteuerbare Abschnitte betrachtet (Abbildung 7.6).

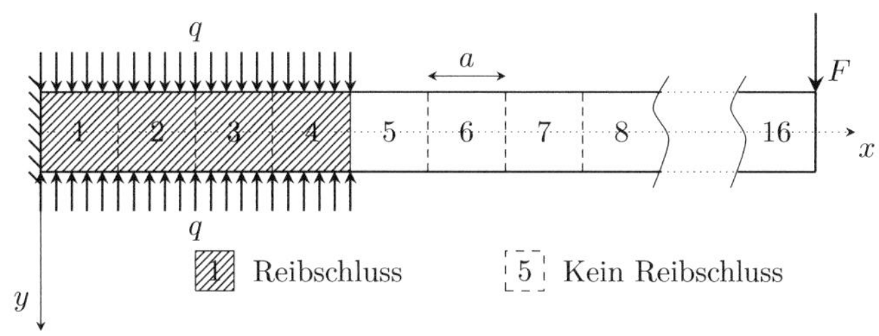

Abbildung 7.6: Modell des realen Demonstrators mit 16 einzeln ansteuerbaren Abschnitten

Ist N_q die Anzahl der einzelnen Abschnitte, in denen die FGL-Drähte bestromt sind und N_a die gesamte Anzahl der unabhängigen Abschnitte, ergibt sich aus Gleichung (7.11):

$$\frac{1}{k} = \frac{\partial u}{\partial F} = \frac{\mathrm{d}}{\mathrm{d}F}\left[\int_0^{\frac{N_q}{N_a}l} \frac{M_{\mathrm{Bz}}(x)}{EI_{\max}}\frac{\partial M_{\mathrm{Bz}}(x)}{\partial F}\mathrm{d}x + \int_{\frac{N_q}{N_a}l}^{l} \frac{M_{\mathrm{Bz}}(x)}{EI_{\min}}\frac{\partial M_{\mathrm{Bz}}(x)}{\partial F}\mathrm{d}x\right]. \quad (7.16)$$

Gleichung (7.15) wird dann zu

$$\mathcal{K} = \frac{1}{\left(\frac{N_q}{N_a} - 1\right)^3 \left(\frac{1}{\mathcal{K}_{max}} - 1\right) + \frac{1}{\mathcal{K}_{max}}}, \quad N_q \in \{0,1,..,16\}. \tag{7.17}$$

Daraus ergeben sich insgesamt 17 unabhängige Steifigkeitszustände (Abbildung 7.7).

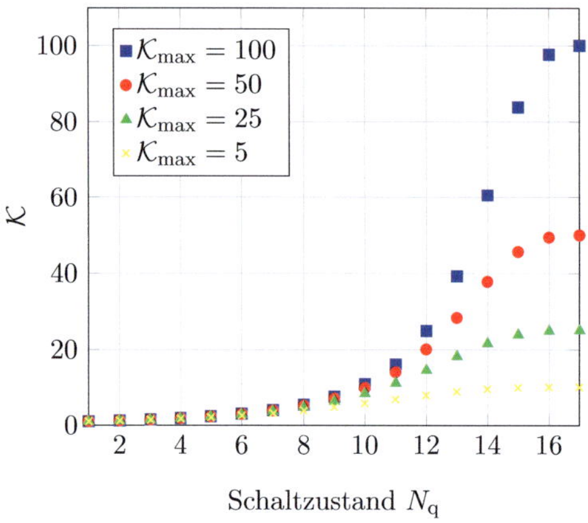

Abbildung 7.7: Abhängigkeit des Nachgiebigkeitsverhältnisses $\mathcal{K}$ vom eingestellten Schaltzustand N_q für den Mehrschichtbalken von Abbildung 7.5, Parameter: $\mathcal{K}_{max}$

7.3 EXPERIMENTELLE ERGEBNISSE

Die Untersuchungen erfolgten an einem einseitig eingespannten Balken, der an der anderen Seite zyklisch um 1,8 ... 2,0 mm um die Ruhelage nach oben und unten ausgelenkt wurde. Dabei wurde für alle 17 Steifigkeitszustände die Kraft-Auslenkungskurve gemessen (Abbildung 7.8). Dazu werden, ausgehend von der Einspannung, immer mehr Drahtwindungen bestromt. Die Kontaktierung erfolgt dabei mittels schmaler Streifen aus Aluminiumfolie, damit die Zuleitungen nur einen möglichst geringen Einfluss auf die Messergebnisse haben. Die Änderung der Steifigkeit innerhalb der ersten sieben Zustände ist so gering, dass sie in Abbildung 7.8 nicht gut dargestellt werden können.
Alle Kraft-Auslenkungskurven weisen eine Hysterese auf, dich sich aus dem Übergang von Haft- zu Gleitreibung in den nachgiebigen Abschnitten des Balkens ergibt. Je größer α ist, desto größer wird die Hysterese, weil der versteifte Bereich des Balkens, in dem kein Gleiten möglich ist, mit α wächst. Dadurch gleiten die Schichten in den nachgiebigen Bereichen immer weiter reibungsbehaftet aneinander vorbei und erzeugen eine stärker ausgeprägte Hysterese. Im komplett versteiften Zustand verschwindet die Hysterese nahezu, weil kein Gleiten mehr auftritt.

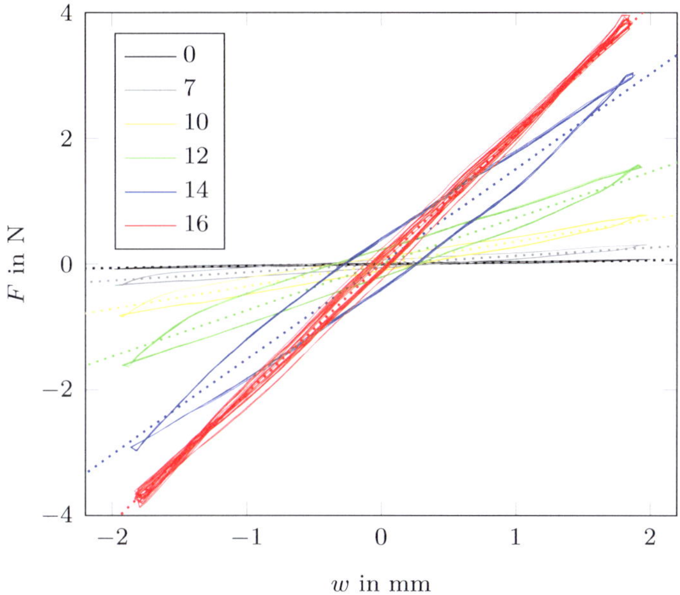

Abbildung 7.8: Gemessene Kraft-Auslenkungsverläufe für den reibschlussgesteuerten 10-Schichtstapel von Abbildung 7.5 für verschiedene Steifigkeitszustände. Gepunktete Linien: linearisierter Verlauf für $u = \pm 1{,}5\,\mathrm{mm}$

Beim Vergleich der gemessenen und der mit Gleichung (7.16) bzw. (7.17) berechneten Verläufe (Abbildung 7.8) zeigt sich:

- Der Vergleich der Absolutwerte der Steifigkeiten (Abbildung 7.9a und 7.9b) ergibt eine gute Übereinstimmung. Würde für die Berechnung statt des vom Hersteller angegebenen Elastizitätsmoduls von $E = 2350\,\mathrm{MPa}$ ein Wert von $E = 2400\,\mathrm{MPa}$ verwendet, würde sich eine fast ideale Überdeckung ergeben.

- Betrachtet man das Steifigkeitsverhältnis $\mathcal{K}$, fällt der Einfluss des Elastizitätsmoduls heraus (Abbildung 7.9c und 7.9d). Allerdings wirken sich schon sehr geringe Abweichungen der Messwerte im Grundzustand $\{0\}$ sehr stark auf den gesamten Verlauf der Messwerte aus. Diese Abweichung kommt dadurch zustande, dass zwischen den einzelnen Schichten während des Verbiegens Gleitreibung auftritt. Damit beeinflussen sich die Schichten gegenseitig, was zu einer Erhöhung der Steifigkeit und damit zu einer Abweichung vom idealisierten Modell führt. In der logarithmischen Darstellung der Ergebnisse (Abbildung 7.9b) sind die Abweichungen der ersten Messwerte deutlich erkennbar. Das führt zu einer relativ großen Abweichung von $\mathcal{K}_{\max}$.

Die berechneten und gemessenen Ergebnisse sind für alle 17 Steifigkeitszustände in Tabelle 7.2 zusammengestellt. Die prinzipielle Funktionsweise eines Mehrschichtstapels mit einstellbarer Biegesteifigkeit wurde damit auch praktisch nachgewiesen.

Tabelle 7.2: Berechnete und gemessene Parameter für alle 17 Steifigkeitszustände des Biegebalkens von Abbildung 7.5

Zust.	α	k_{mess} in N mm^{-1}	k_{ber} in N mm^{-1}	$\lvert 1 - \frac{k_{\text{mess}}}{k_{\text{ber}}} \rvert$ in %	$\mathcal{K}_{\text{mess}}$	$\mathcal{K}_{\text{ber}}$	$\lvert 1 - \frac{\mathcal{K}_{\text{mess}}}{\mathcal{K}_{\text{ber}}} \rvert$ in %
0	0,0000	0,0307	0,0215	42,563	1,000	1,000	0,000
1	0,0625	0,0553	0,0260	112,419	1,804	1,211	49,000
2	0,1250	0,0554	0,0319	73,235	1,805	1,485	21,515
3	0,1875	0,0553	0,0397	39,137	1,804	1,848	2,403
4	0,2500	0,0645	0,0503	28,206	2,103	2,338	10,071
5	0,3125	0,0788	0,0648	21,525	2,570	3,015	14,756
6	0,3750	0,1052	0,0854	23,088	3,430	3,973	13,661
7	0,4375	0,1309	0,1155	13,260	4,267	5,371	20,554
8	0,5000	0,1746	0,1608	8,523	5,691	7,477	23,877
9	0,5625	0,2500	0,2315	7,957	8,151	10,764	24,274
10	0,6250	0,3557	0,3458	2,835	11,596	16,075	27,867
11	0,6875	0,4941	0,5350	7,658	16,107	24,868	35,228
12	0,7500	0,7349	0,8447	13,017	23,956	39,264	38,987
13	0,8125	0,9812	1,3018	24,630	31,991	60,511	47,132
14	0,8750	1,5138	1,8028	16,034	49,354	83,797	41,103
15	0,9375	1,9410	2,1007	7,605	63,280	97,640	35,190
16	1,0000	2,0615	2,1514	4,184	67,209	100,000	32,791

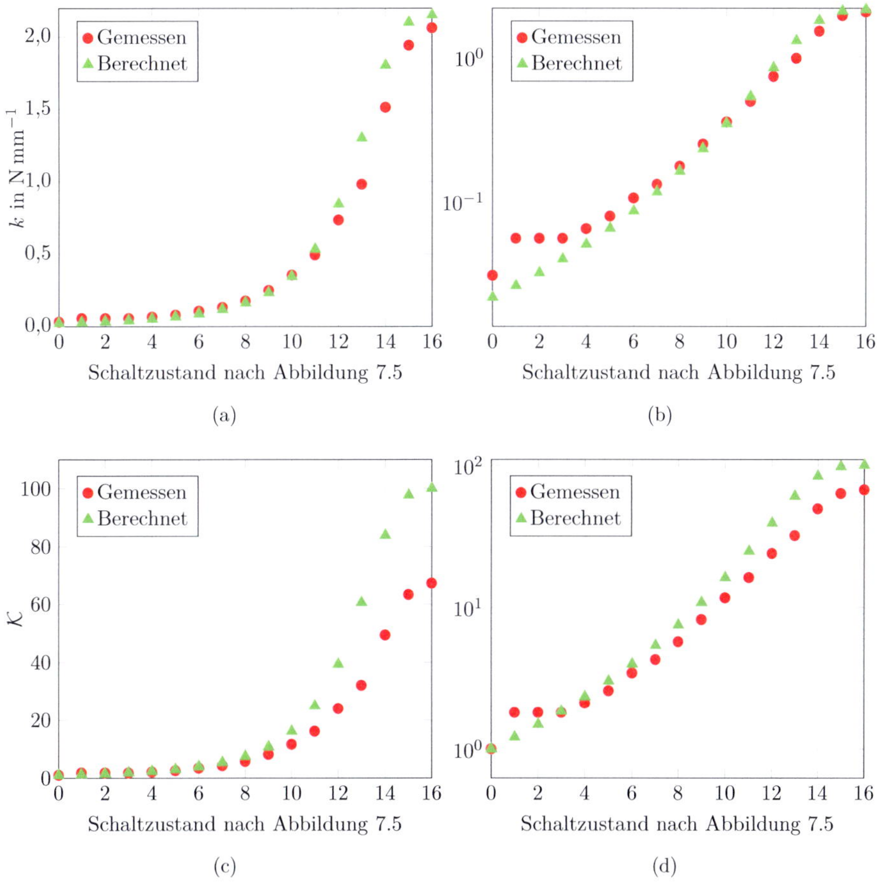

Abbildung 7.9: Vergleich zwischen den berechneten und gemessenen Werten (a) für die absoluten Biegesteifigkeiten $k(\alpha)$ und (b) $k(\alpha)$ im logarithmischen Maßstab, (c) relativen Steifigkeitsverhältnisse $\mathcal{K}(\alpha)$, (d) $\mathcal{K}(\alpha)$ im logarithmischen Maßstab; für einen Zehn-Schicht-Stapel nach Abbildung 7.5

8 ZUSAMMENFASSUNG UND AUSBLICK

8.1 ZUSAMMENFASSUNG

In der vorliegenden Arbeit wurden zwei Ansätze zur Einstellung der Biegesteifigkeit von Biegebalken entwickelt, aufgebaut und getestet. Die Veränderung des Flächenträgheitsmoments von Mehrschichtbalken und die damit verbundenen Änderungen der resultierenden Biegesteifigkeit am Krafteinleitungspunkt führte in den Experimenten zu Änderungen um einen Faktor von bis zu 67. Dabei kann die Einstellung der Biegesteifigkeit in mehreren Stufen erfolgen. Als Steuergröße kommt dabei entweder Reibschluss oder Formschluss zum Einsatz.
Beide entwickelten Demonstratoren konnten im Experiment erfolgreich getestet werden und zeigten gute Übereinstimmung mit dem zuvor berechneten Verhalten.
Aus dem Entwicklungsprozess und den Messergebnissen lassen sich folgende Schlussfolgerungen ableiten:

- Die resultierende Biegesteifigkeit am Krafteinleitungspunkt lässt sich bei Mehrschichtstapeln mit einstellbarem Flächenträgheitsmoment um mehr als eine Größenordnung verändern.

- Das Gleitverhalten innerhalb eines Mehrschichtstapels kann sowohl durch Form- als auch durch Reibschluss beeinflusst werden.

- Formschlussbasierte Mehrschichtstapel sind konstruktiv komplizierter als reibschlussbasierte, da die Anforderungen an Formschlussaktoren deutlich größer sind. Dafür sind die Formschlussverbindungen zuverlässiger, da die Kraft der FGL-Windungen und damit der Reibschluss begrenzt ist.

- Aufgrund der Geschwindigkeit der Formschlussaktoren kann in formschlussbasierten Mehrschichtstapeln schneller zwischen den einzelnen Steifigkeitszuständen hin und her geschaltet werden als bei reibschlussbasierten. Da beim Reibschluss aufgrund des verwendeten Materials die Stromstärke durch den FGL-Draht und damit die

Erwärmungsgeschwindigkeit begrenzt ist. Erwärmt sich der Draht bei zu hohen Stromstärkten zu stark, schmilzt dieser das Trägermaterial auf.

- Ein Umschalten in reibschlussbasierten Mehrschichtstapeln ist jederzeit und unabhängig von einer bereits vorhandenen Deformation möglich. Formschlussbasierte Stapel können nur in der unverformten Position geschaltet werden.
- Aufgrund der komplexen Geometrie ist die Herstellung von formschlussbasierten Mehrschichtstapeln mittels Rapid-Prototyping-Verfahren sehr viel teurer als die Herstellung von reibschlussbasierten. Dieser Nachteil wäre durch die Verwendung anderer Herstellungsverfahren, wie z.B. Spritzguss, vermeidbar.
- Die verwendeten aktiven Materialien – elektroaktive Polymere und Formgedächtnislegierungen – eignen sich hervorragend zum Antrieb von flachen Aktoren mit großen Stellwegen. Allerdings zeigte sich, dass die kommerziell erhältlichen EAPs (PolPower, Dannfoss) im Experiment schlechtere Bewegungseigenschaften haben, als im Allgemeinen für EAPs üblich.

Die Eigenschaften der Funktionsdemonstratoren sind in der Tabelle 8.1 gegenüber gestellt.

8.2 AUSBLICK

Mit den entwickelten Demonstratoren konnte die prinzipielle Funktionsweise von Mehrschichtstapeln mit einstellbarer Biegesteifigkeit nachgewiesen werden. Um die beiden Ansätze in industrielle Produkte zu integrieren, müssen allerdings noch einige Probleme gelöst werden.

8.2.1 FORMSCHLUSSBASIERTE SCHICHTSTAPEL

Das größte Problem bei formschlussbasierten Schichtstapeln ist derzeit die kostenintensive Fertigung der einzelnen Bauteile. Die Verwendung von alternativen Fertigungsverfahren könnte die Herstellungskosten senken.
Die FGL-Formschlussaktoren sind bereits robust und leistungsfähig genug, um sie in der Praxis einzusetzen. Hier wäre es auch problemlos möglich, andere Materialien, wie z.B. Aluminium, für die Herstellung der Aktorrahmen zu verwenden. Um die EAP-Aktoren dauerhaft einzusetzen, sollten andere elektroaktive Polymere verwendet werden. Die VHB-EAPs sind sehr viskoelastisch, unterliegen einem Alterungsprozess und sind sehr empfindlich. Silikon-EAPs mit nachgiebigen Elektroden könnten hier zum Einsatz kommen. Die Herstellung und Integration in die intern vorgespannten Aktoren bedarf allerdings einer erheblichen Entwicklungsarbeit oder ausgeprägtem Know-how.
Das maximale Steifigkeitsverhältnis $\mathcal{K}_{\max}$ lässt sich durch die Verwendung mehrerer Schichten und die Anpassung ihrer Querschnitte einfach auf einen gewünschten Wert steigern. Werden zur Herstellung stabilere Materialien verwendet, können auch die Höhen der einzelnen Schichten und Aktoren verringert werden, so dass mehr Schichten in einem

Tabelle 8.1: Eigenschaften der in dieser Arbeit entwickelten Demonstratoren mit einstellbarer Biegesteifigkeit

Ansatz	Formschlussbasierte Schichtstapel	Reibschlussbasierte Schichtstapel
Anzahl der Schichten:	3	10
$\mathcal{K}_{max}$ berechnet:	23	100
$\mathcal{K}_{max}$ gemessen:	14,6	67
Vorteile	• Formschluss stellt stabile Verbindung her • Zuverlässig • Große Auslenkungen möglich • Schnelles Schalten • Einfach skalierbar	• Sehr einfacher Aufbau • Auch ausgelenkt schaltbar • Skalierbar • Stufenlose Steifigkeitsänderung möglich
Nachteile	• Konstruktiv aufwändig • Hohe Herstellungskosten (Rapid Prototyping) • Nur in neutraler Position schaltbar • Geringeres $\mathcal{K}_{max}$	• Nur kleine Auslenkungen möglich • Kraft der FGL-Windung begrenzt maximale Deformationskraft • Bei Überlastung führt Reibung zu Verschleiß • Schaltvorgang langsamer

bestimmten Bauraum untergebracht werden können.
Die Skalierung kann auch in die beiden anderen Richtungen erfolgen. So kann die Fläche der einzelnen Schichten und die Anzahl der verwendeten Formschlussaktoren beliebig erhöht werden. Damit sind große Platten mit veränderlicher Steifigkeit realisierbar. Diese könnten z.B. zur Verringerung von Eigenschwingungen als Boden unter Maschinen zum Einsatz kommen.

8.2.2 REIBSCHLUSSBASIERTE SCHICHTSTAPEL

Aufgrund des einfachen Aufbaus und der geringen Herstellungskosten, könnten reibschlussbasierte Mehrschichtstapel bereits in der Praxis eingesetzt werden. Vorteilhaft ist hierbei, dass nahezu jedes beliebige Material zur Herstellung der Schichten verwendet werden kann. Es muss nur möglich sein, dünne Schichten daraus herzustellen und das Material muss eine höhere Schmelztemperatur haben als die Temperatur der FGL-Drähte im austenitischen Zustand beträgt.
Hierbei muss jedoch beachtet werden, dass mit steigender Steifigkeit der einzelnen Schichten auch die Lasten steigen. Das führt dazu, dass auch die zu übertragenden Schubspannungen zwischen den einzelnen Schichten steigen. Um diese per Reibschluss sicher übertragen zu

können, muss entweder die Anzahl der Windungen oder der Durchmesser des FGL-Drahtes erhöht werden.
Eine Skalierung von $\mathcal{K}_{\mathrm{max}}$ ist durch die Erhöhung der Anzahl von unabhängigen Schichten möglich. Darüber hinaus lässt sich der Aufbau auch auf flächige Strukturen erweitern. Eine mögliche Anordnung dafür ist in Abbildung 8.1 dargestellt. Dort werden zehn 0,5 mm dicke Aluminiumplatten mit Langlöchern versehen, durch die ein oder mehrere FGL-Drähte geführt werden.

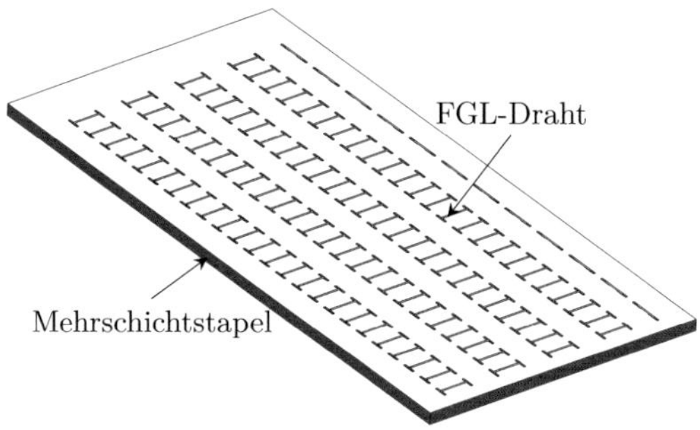

Abbildung 8.1: Entwurf eines flächigen reibschlussbasierten Mehrschichtbalkens mit einstellbarer Nachgiebigkeit

ANHANG

A GRUNDLAGEN DER KONTINUUMSMECHANIK

A.1 TENSORALGEBRA

A.1.1 HERLEITUNG DER GLEICHUNG (4.12)

Ausgangspunkt zur Herleitung der Gleichung (4.12) ist Gleichung (4.8):

$$\boldsymbol{\sigma} = 2J^{-1}\mathbf{F}\mathbf{S}\mathbf{F}^T = 2J^{-1}\mathbf{F}\frac{\partial\Psi(\mathbf{C})}{\partial\mathbf{C}}\mathbf{F}^T. \tag{A.1}$$

Um den Spannungstensor zu berechnen, wird zunächst die Verzerrungsenergiedichtefunktion Ψ nach dem rechten CAUCHY-GREEN-Tensor $\mathbf{C}$ mittels der Kettenregel abgeleitet:

$$\frac{\partial\Psi(\mathbf{C})}{\partial\mathbf{C}} = \frac{\partial\Psi}{\partial I_1}\frac{\partial I_1}{\partial\mathbf{C}} + \frac{\partial\Psi}{\partial I_2}\frac{\partial I_2}{\partial\mathbf{C}} + \frac{\partial\Psi}{\partial I_3}\frac{\partial I_3}{\partial\mathbf{C}} = \sum_{i=1}^{3}\frac{\partial\Psi}{\partial I_i}\frac{\partial I_i}{\partial\mathbf{C}}. \tag{A.2}$$

Über die Definition der drei Invarianten können diese nach dem Defomationstensor abgeleitet werden [32]:

$$\frac{\partial I_1}{\partial\mathbf{C}} = \frac{\partial\mathrm{tr}(\mathbf{C})}{\partial\mathbf{C}} = \frac{\partial(\mathbf{I}:\mathbf{C})}{\partial\mathbf{C}} = \mathbf{I}, \tag{A.3}$$

$$\frac{\partial I_1}{\partial\mathbf{C}} = \frac{1}{2}\frac{\partial}{\partial\mathbf{C}}\left((\mathrm{tr}(\mathbf{C}))^2 - \mathrm{tr}(\mathbf{C}^2)\right) \tag{A.4}$$

$$= \mathrm{tr}(\mathbf{I}:\mathbf{C})\mathbf{I} - \mathbf{C} = I_1\mathbf{I} - \mathbf{C}, \tag{A.5}$$

$$\frac{\partial I_3}{\partial\mathbf{C}} = \frac{\partial\det(\mathbf{C})}{\partial\mathbf{C}} = I_3\mathbf{C}^{-1}. \tag{A.6}$$

Mit Hilfe dieser Gleichungen ergibt sich aus den Gleichungen (A.1) und (A.2):

$$\boldsymbol{\sigma} = 2J^{-1}\mathbf{F}\left[\left(\frac{\partial\Psi}{\partial I_1} + I_2\frac{\partial\Psi}{\partial I_2}\right)\mathbf{I} - \frac{\partial\Psi}{\partial I_2}\mathbf{C} + I_3\frac{\partial\Psi}{\partial I_3}\mathbf{C}^{-1}\right]\mathbf{F}^T. \tag{A.7}$$

Nun wird von rechts und von links jeweils der Tensor $\mathbf{F}$ bzw. der transponierte Spannungstensor $\mathbf{F^T}$ auf die Gleichung angewendet:

$$\boldsymbol{\sigma} = 2J^{-1}\left[\left(\frac{\partial\Psi}{\partial I_1} + I_2\frac{\partial\Psi}{\partial I_2}\right)\mathbf{F}\mathbf{F}^T - \frac{\partial\Psi}{\partial I_2}\mathbf{F}\mathbf{C}\mathbf{F}^T + I_3\frac{\partial\Psi}{\partial I_3}\mathbf{F}\mathbf{C}^{-1}\mathbf{F}^T\right]. \tag{A.8}$$

Mit der Definition des linken CAUCHY-GREEN-Tensors $\mathbf{b} = \mathbf{F}\mathbf{F}^T$ und weil die Invarianten beider Tensoren identisch sind, ergibt sich daraus nach kurzer Umordnung die Gleichung (4.12):

$$\boldsymbol{\sigma} = 2J^{-1}\left[I_3\frac{\partial\Psi}{\partial I_3}\mathbf{I} + \left(\frac{\partial\Psi}{\partial I_1} + I_1\frac{\partial\Psi}{\partial I_2}\right)\mathbf{b} - \frac{\partial\Psi}{\partial I_2}\mathbf{b}^2\right]. \tag{A.9}$$

A.2 HERLEITUNGEN

A.2.1 TRIGONOMETRIE FÜR KAPITEL 6.4.2

Zum Übergang von Formel 6.52 zu 6.55 dient der trigonometrische Zusammenhang:

$$\sin(\frac{x}{2}) = \sqrt{\frac{1-\cos(x)}{2}} \tag{A.10}$$

$$2\sin^2(\frac{x}{2}) = 1-\cos(x) \tag{A.11}$$

$$\cos(x) = 1-2\sin^2(\frac{x}{2}). \tag{A.12}$$

Dann gilt auch:

$$-\cos(x_0) = -1+2\sin^2(\frac{x_0}{2}). \tag{A.13}$$

Woraus folgt:

$$\frac{\mathrm{d}\alpha}{\sqrt{\cos(\alpha)-\cos(\alpha_0)}} = \frac{\mathrm{d}\alpha}{\sqrt{\sin^2(\frac{\alpha_0}{2})-\sin^2(\frac{\alpha}{2})}} \tag{A.14}$$

A.2.2 HERLEITUNG VON GLEICHUNG (6.24)

Zur Herleitung von Gleichung (6.24) wird das Modell nach Abbildung A.1 verwendet. Dabei sei die Länge l konstant. Eine Auslenkung u_1 hat daher immer eine Auslenkung u_2

zur Folge. Das Verhältnis zwischen den beiden Auslenkungen und dem Winkel α im nicht ausgelenkten und α' im ausgelenkten Zustand kann durch

$$l \sin\alpha - \frac{u_1}{2} = l \sin\alpha' \tag{A.15}$$

$$l \cos\alpha + \frac{u_2}{2} = l \cos\alpha' \tag{A.16}$$

beschrieben werden. Durch das Quadrieren und die anschließende Addition beider Gleichungen ergibt mit $\sin^2 x + \cos^2 x = 1$:

$$\frac{u_1^2}{4} + \frac{u_2^2}{4} - lu_1 \sin\alpha + lu_2 \cos\alpha = 0 \tag{A.17}$$

Sind die Verformungen $u_i \ll l$, was für kleine Verformungen gilt, dann können die Terme u_i^2 gegenüber den restlichen Termen vernachlässigt werden. Dann gilt:

$$lu_1 \sin\alpha = lu_2 \cos\alpha. \tag{A.18}$$

Woraus direkt das Übersetzungsverhältnis

$$\frac{u_1}{u_2} = \frac{\cos\alpha}{\sin\alpha} = \cot\alpha \tag{A.19}$$

folgt.

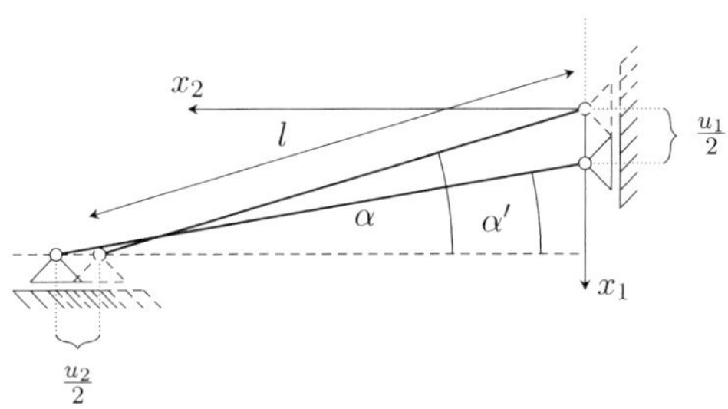

Abbildung A.1: Starrkörpermodell des Bereiches 2 nach Abbildung 6.10b zur Berechnung der mechanischen Übersetzung

B ZEICHNUNGEN UND SCHALTPLÄNE

Schaltplan des Versuchsstandes aus Kapitel 5.1

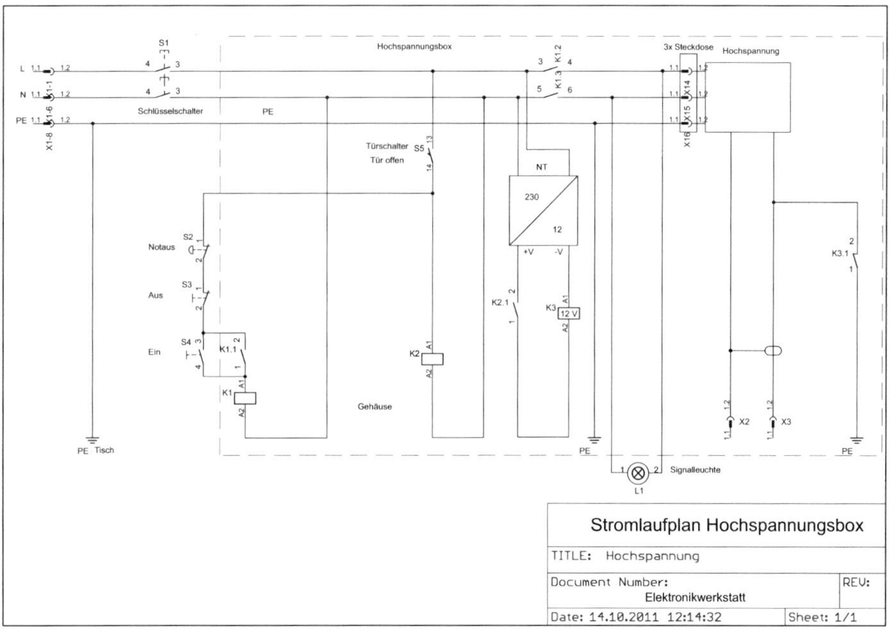

Abbildung B.1: Stromlaufplan des Hochspannungsversuchsaufbaus

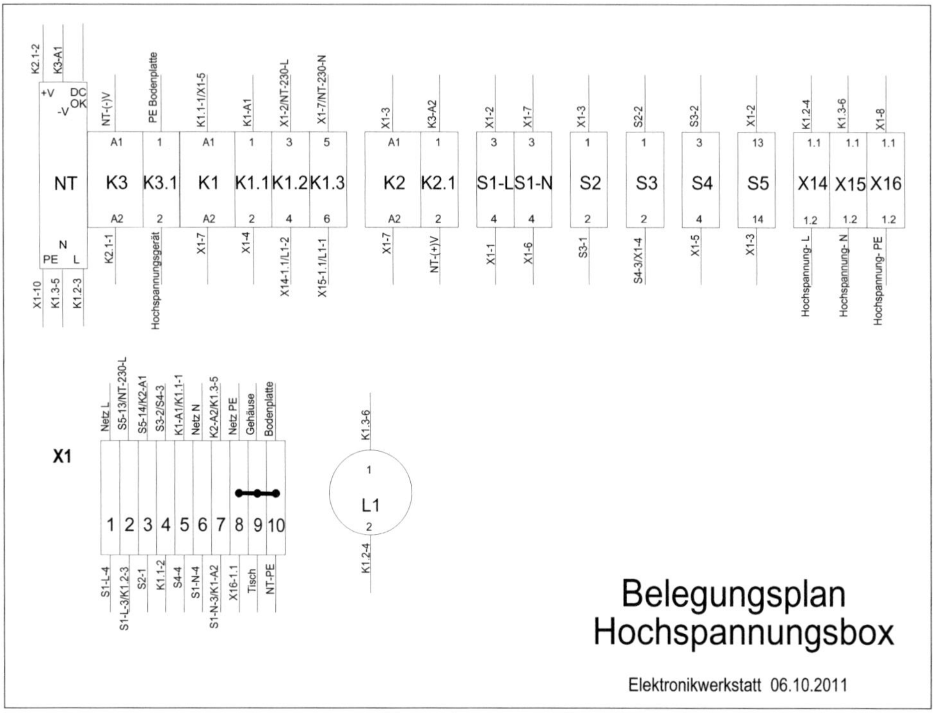

Abbildung B.2: Belegungsplan der Schaltboxaus Kapitel 5.1

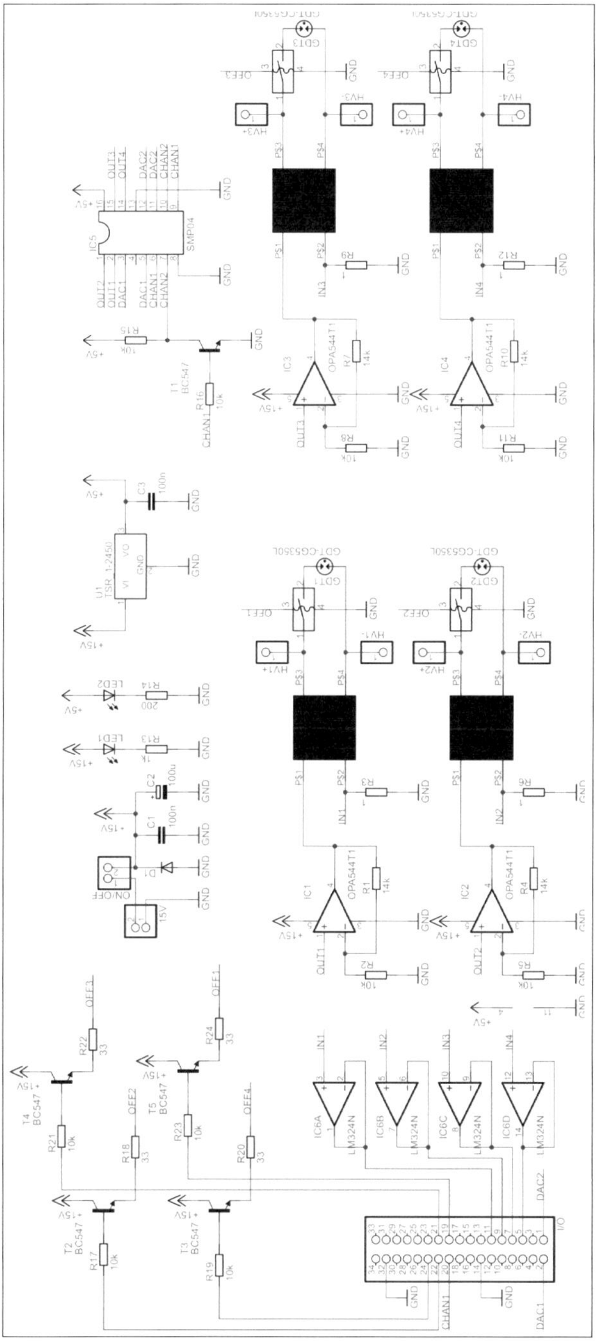

Abbildung B.3: Belegungsplan des Hochspannungsverstärkers aus Abschnitt 5.3

C ZUSÄTZLICHE ABBILDUNGEN

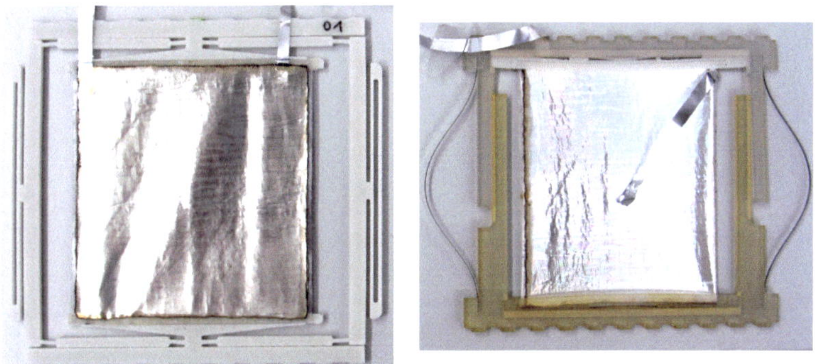

(a) (b)

Abbildung C.1: EAP-Beispielaktoren mit Polypower EAPs, (a) linear vorgespannter Aktor aus Abschnitt 6.4.1 und (b) nichtlinear vorgespannter Aktor aus Abschnitt 6.4.2

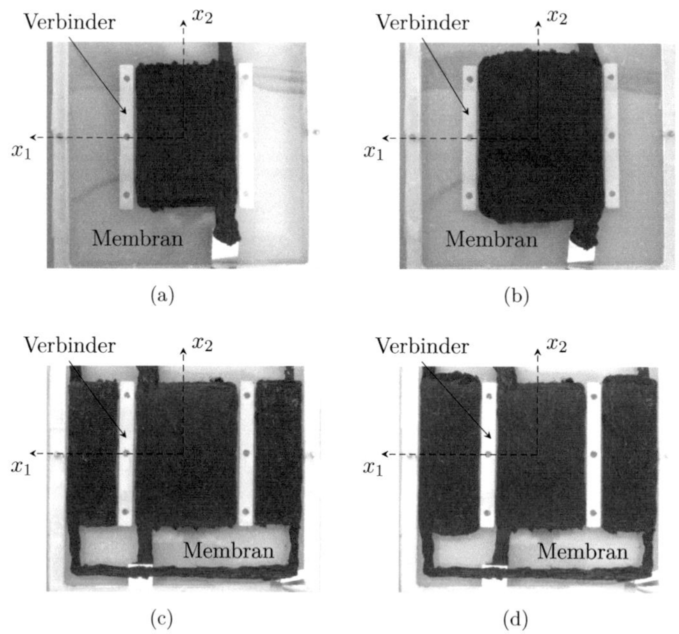

Abbildung C.2: VHB-EAP-Aktoren gemäß Abbildung 6.24 mit Kohlenstoffelektroden, (a,b) verlängernder Aktor bei (a) 0 V und (b) bei 3250 V elektrischer Spannung an der mittleren Elektrode; (c,d) verkürzender Aktor bei (c) bei 0 V und (d) 3000 V elektrischer Spannung an den äußeren Elektroden

D LEBENSLAUF

Persönliche Daten

Name:	Markus Henke
Geburtsdatum:	18. Mai 1986
Geburtsort:	Suhl/Thüringen

Akademische Laufbahn

04/2010 - 04/2014	Wissenschaftlicher Mitarbeiter, TU Dresden, Fakultät für Elektrotechnik und Informationstechnik, Institut für Festkörperelektronik Promotionsthema: Konstruktionselemente mit einstellbarer Biegesteifigkeit, Verteidigung: 25.07.2014
03/2010	Abschluss des Studiums mit erfolgreicher Diplomverteidigung, Gesamtnote: 2,2 Diplomarbeit: 1,0
12/2009 - 03/2010	Diplomand am Fraunhofer Institut für Werkstoff- und Strahltechnik (IWS) Dresden und dem Institut für Biomedizinische Technik der TU Dresden
10/2006 - 03/2010	Hauptstudium an der TU Dresden, Studiengang Mechatronik, Profil Mikromechatronik, Biomedizinische Technik
10/2006	Vordiplom der TU Ilmenau
10/2004 - 03/2006	Grundstudium an der TU Ilmenau, Studiengang Mechatronik
06/2004	Abiturprüfung des Freistaates Thüringen, Abschlussnote: 1,3
08/1999 - 06/2004	Mathematisch-naturwissenschaftliche Spezialklasse an der Goetheschule Ilmenau mit Förderung besonders begabter Schüler
08/1996 - 06/1999	Goetheschule Ilmenau - Staatliches Gymnasium
08/1992 - 06/1996	Staatliche Grundschule „Karl-Zink“, Ilmenau

E VERÖFFENTLICHUNGSLISTE

E.1 ARTIKEL IN ZEITSCHRIFTEN

[1] Henke, M.; Gerlach, G.: A multi-layered variable stiffness device based on smart form-closure actuators. *Journal of Intelligent Material Systems and Structures*, eingereicht am 16. Juni 2014

[2] Henke, M.; Gerlach, G.: On a high-potential variable-stiffness device. *Microsystem Technologies* 20 (2014), Nr. 4-5, S. 599-606

[3] Henke, M.; Sober, J.; Gerlach, G.: EAP-Actuators with Improved Actuation Capabilities for Construction Elements with Controllable Stiffness. *Advances in Science and Technology* 79 (2013), S. 75-80

[4] Henke, M.; Sonntag, F.; Gruchow, M.; Klotzbach, U.; Rabenau, M.; Poll, R.: Magnetophoretische Analytfokussierung für Biosensoren. *Biomedical Engineering* 55(s1) (2010), S. 14-18

E.2 ARTIKEL IN KONFERENZBÄNDEN

[1] Henke, M.; Gerlach, G.: On a high-potential variable flexural stiffness device. Schmid, U; et al. (Hrsg.): Tagungsband: *Proc. SPIE 8763 – Smart Sensors, Actuators, and MEMS VI*, (24.-26. April 2013, Grenoble, Frankreich), S. 876312-876312-10

[2] Henke, M.; Gerlach, G.: On the development of planar actuators for variable stiffness devices. Bar-Cohen, Y. (Hrsg.): Tagungsband: *Proc. SPIE 8687 – Electroactive Polymer Actuators and Devices (EAPAD) 2013*, (10.-14. März 2013, San Diego, Kalifornien), S. 868727-1-868727-12

[3] Henke, M.; Renner, A.; Fischer, W.-J.; Gerlach, G.: Novel approaches for self-sensing and control of smart structures. Hufenbach, W. A. (Hrsg.): Tagungsband: *ECEMP - European Center of Emerging Materials and Processes Dresden – New Materials and Technologies for Sustainable Products and Processes* (2012), S.282-304

[4] Henke, M.; Sorber, J.; Gerlach, G.: Actuator for stiffness-control of stacked flexure beams: principle, set-up, design. Tagungsband: *ACTUATOR 2012*, (18.-20. Juni 2012, Bremen, Deutschland), S. 400-403

[5] Henke, M.; Sorber, J.; Gerlach, G.: Multi-layer beam with variable stiffness based on electroactive polymers. Bar-Cohen, Y. (Hrsg.): Tagungsband: *Proc. SPIE 8340 – Electroactive Polymer Actuators and Devices (EAPAD) 2012*, (11.-15. März 2012, San Diego, Kalifornien) S. 83401P-1-83401P-13

[6] Sonntag, F.; Henke, M.; Gruchow, M.; Klotzbach, U.; Mehringer, F; Schmieder, S.; Rabenau, M.; Poll, R.: Steigerung der Sensitivität von Lab-on-a-Chip-Systemen durch magnetophoretische Fokussierung paramagnetischer Analyte. Beckmann, D. (Hrsg.): Tagungsband: *Technische Systeme für die Lebenswissenschaften. 15. Heiligenstädter Kolloquium 2010*, (27.-29. September 2010, Heilbad Heiligenstadt, Deutschland), S. 305-312

[7] Sonntag, F.; Henke, M.; Gruchow, M.; Klotzbach, U.; Rabenau, M.; Poll, R.: Steigerung der Sensitivität von Lab-on-a-Chip-Systemen mittels Magnetophorese. Gerlach, G. (Hrsg.): Tagungsband: 9. Dresdner Sensor-Symposium 2009 (Dresdner Beiträge zur Sensorik 39), TUDpress, (07.-09. Dezember 2009, Dresden, Deutschland), S. 165-168

E.3 PATENTE

[1] DE 102011117778 B3 (25. Okt. 2012). „Bauteil mit veränderbarer Nachgiebigkeit und Federkonstante bei einer Biegung“, Technische Universität Dresden, (Henke, M.; Gerlach, G.)

[2] Schutzrecht DE 102012021062 A1 (24. Apr. 2014). „Bauteil mit veränderbarer Steifigkeit“, Technische Universität Dresden, (Henke, M.; Gerlach, G.)

[3] WO 2011060771 A1 (26. Mai 2011). „System and a method for detecting analyte molecules containes in liquid samples“, Fraunhofer-Gesellschaft zur Förderung der angewandten Forschung e.V. (Sonntag, F.; Klotzbach, U.; Schilling, N.; Gruchow, M.; Henke,M.), Pr. 10 2009 055 800.4 (18. Nov. 2009)

[4] EP 000002501475 A1 (26. Spt. 2012). „System and a method for detecting analyte molecules containes in liquid samples“, Fraunhofer-Gesellschaft zur Förderung der angewandten Forschung e.V. (Sonntag, F.; Klotzbach, U.; Schilling, N.; Gruchow, M.; Henke,M.), Pr. 10 2009 055 800.4 (18. Nov. 2009)

LITERATUR

[1] AJAJ, R., FRISWELL, M., DETTMER, W., ALLEGRI, G. und ISIKVEREN, A. »Conceptual Modeling of an Adaptive Torsion Wing«. Tagungsband: *52 nd AIAA/ASME/ASCE/AHS/ASC Structures, Structural Dynamics and Materials Conference.* 2011.

[2] ARRUDA, E. M. und BOYCE, M. C. »A three-dimensional model for the large stretch behavior of rubber elastic materials«. *J. Mech. Phys. Solids* 41(2) (1993), S. 389–412.

[3] BAR-COHEN, Y. *Electroactive polymer EAP actuators as artificial muscles: Reality, potential, and challenges.* Bellingham Wash.: SPIE Press, 2004.

[4] BEATY, H. W. und FINK, D. *Standard Handbook for Electrical Engineers Sixteenth Edition.* McGraw-Hill Professional, 2012.

[5] BENSLIMANE, M., GRAVESEN, P., SOMMER-LARSEN, P. und BAR-COHEN, Y. »Mechanical properties of dielectric elastomer actuators with smart metallic compliant electrodes«. Tagungsband: *Proc. SPIE.* Bd. 4695. 1. 2002, S. 150–157.

[6] BERGAMINI, A., CHRISTEN, R. und MOTAVALLI, M. »Electrostatically tunable bending stiffness in a GFRP-CFRP composite beam«. *Smart Materials and Structures* 16(3) (2007), S. 575–582.

[7] BERGAMINI, A. »Electrostatic modification of the bending stiffness of adaptive structurs«. Dissertation. Zürich: ETH-Zürich, 2009.

[8] CARPI, F. und SMELA, E. *Biomedical Applications of Electroactive Polymer Actuators.* Wiley Press, 2009.

[9] CHEN, Y., YIN, W., LIU, Y. und LENG, J. »Structural design and analysis of morphing skin embedded with pneumatic muscle fibers«. *Smart Materials and Structures* 20(8) (2011), S. 085033–1–085033–8.

[10] CHILDS, P. R. N. *Mechanical Design Engineering Handbook.* Burlington: Butterworth Heinemann, 2013.

[11] COOPER, J. E. »Adaptive structures: engineering applications«. In: Hrsg. von WANG, D. Wiley & Sons, Ltd., 2008. Kap. Adaptive aeroelastic structures, S. 137–162.

[12] Crawley, E. F. »Intelligent structures for aerospace - A technology overview and assessment«. *AIAA Journal* 32(8) (1994), S. 1689–1699.

[13] Di Lillo, L, Carnelli, D., Bergamini, A, Busato, S und Ermanni, P. »Quasi-static electric properties of insulating polymers at a high voltage for electro-bonded laminates«. *Smart Materials and Structures* 20(5) (2011), S. 057002–057009.

[14] Di Lillo, L, Raither, W, Di Fratta, C, Bergamini, A und Ermanni, P. »Mechanical characterization of electro-bonded laminates«. Tagungsband: *ASME 2012, SMASIS: Conf. on Smart Materials, Adaptive Structures and Intelligent Systems.* Stone Mountain, GA, USA, 2012.

[15] Florance, J. R., Heeg, J., Spain, C. V., Ivanco, T. G., Wieseman, C. D. und Lively, P. S. »Variable stiffness spar wind-tunnel model development and testing«. Tagungsband: *45th AIAA/ASME/ASCE/AHS/ASC Structures, Structural Dynamics & Materials Conference.* Palm Springs, CA, USA, 2004.

[16] Galloway, K. C. »Passive variable compliance for dynamic legged robots«. Dissertation. University of Pennsylvania, 2010.

[17] Galloway, K. C., Clark, J. E. und Koditschek, D. E. »Design of a tunable stiffness composite leg for dynamic locomotion«. Tagungsband: *ASME IDETC/CIE.* San Diego, CA, USA, 2009, S. 506–604.

[18] Galloway, K. C., Clark, J. E., Yim, M. und Koditschek, D. E. »Experimental investigations into the role of passive variable compliant legs for dynamic robotic locomotion«. Tagungsband: *Robotics and Automation (ICRA), 2011 IEEE International Conference on.* IEEE. Shanghai, China, 2011, S. 1243–1249.

[19] Gandhi, F. und Kang, S.-G. »Beams with controllable flexural stiffness«. *Smart Materials and Structures* 16(4) (2007), S. 1179–1184.

[20] Gümpel, P. und Gläser, S. *Formgedächtnislegierungen und ihr metallkundlicher Hintergrund.* Bd. 655. Kontakt & Studium, 2004.

[21] Gordon, B. O. und Clark, W. W. »Morphing structures by way of stiffness variations«. Tagungsband: *The 48th AIAA/ASME/ASCE/AHS/ASC structures, structural dynamics, and materials conference.* Honolulu, USA, 2007.

[22] Gross, D., Hauger, W., Schröder, J. und Wall, W. A. *Technische Mechanik - 2 : Elastostatik.* 6. Aufl. Springer, 1998.

[23] Hauck, T., Müller, W. H. und Schmadlak, I. »Nonlinear buckling analysis of vertical wafer probe technology«. *Microsystem technologies* 16(11) (2010), S. 1909–1920.

[24] Henke, M. und Gerlach, G. »On a high-potential variable flexural stiffness device«. Tagungsband: *Proc. SPIE.* Bd. 8763. Grenoble, Frankreich, 2013, S. 876312–1–876312–10.

[25] Henke, M. und Gerlach, G. »On a high-potential variable-stiffness device«. *Microsystem Technologies* 20(4-5) (2014), S. 599–606.

[26] Henke, M., Sober, J. und Gerlach, G. »EAP-Actuators with Improved Actuation Capabilities for Construction Elements with Controllable Stiffness«. *Advances in Science and Technology* 79(1) (2013), S. 75–80.

[27] Henke, M., Sorber, J. und Gerlach, G. »Actuator for Stiffness-Control of Stacked Flexure Beams: Principle, Set-up, Design«. Tagungsband: *ACTUATOR 2012*. Bremen, 2012, S. 400–403.

[28] Henke, M., Sorber, J. und Gerlach, G. »Multi-layer beam with variable stiffness based on electroactive polymers«. Tagungsband: *Proc. SPIE*. Bd. 8340. San Diego, CA, USA, 2012, 83401P–1–83401P–13.

[29] Henry, C., McKnight, G., Enke, A, Bortolin, R und Joshi, S. »3D FEA simulation of segmented reinforcement variable stiffness composites«. Tagungsband: *Proc. SPIE*. Bd. 6929. San Diego, CA, USA, 2008, S. 69290X–1–69290X–12.

[30] Hirai, H., Ozawa, R., Goto, S., Fujigaya, H., Yamasaki, S., Hatanaka, Y. und Kawamura, S. »Development of an ankle-foot orthosis with a pneumatic passive element«. Tagungsband: *Robot and Human Interactive Communication, 2006. The 15th IEEE International Symposium on*. IEEE. ROMAN, 2006, S. 220–225.

[31] Hollander, K. und Sugar, T. »Concepts for compliant actuation in wearable robotic systems«. Tagungsband: *Proc. US-Korea Conf. Science, Technology and Entrepreneurship (UKC 04)*. Bd. 128. 2004, S. 644–650.

[32] Holzapfel, G. A. *Nonlinear solid mechanics: A continuum approach for engineering*. Hrsg. von Holzapfel, G. A. Chichester, Weinheim [u.a.]: Wiley, 2010.

[33] Hornbogen, E., Eggeler, G. und Werner, E. *Werkstoffe / Aufbau und Eigenschaften von Keramik-, Metall-, Polymer- und Verbundwerkstoffen*. 9., vollständig neu bearb. Aufl. Berlin, Heidelberg: Springer, 2008.

[34] Huang, J., Li, T., Chiang Foo, C., Zhu, J., Clarke, D. R. und Suo, Z. »Giant, voltage-actuated deformation of a dielectric elastomer under dead load«. *Applied Physics Letters* 100(4) (2012), S. 041911–1–041911–4.

[35] Iskandarani, Y. H. und Mose, C. »Mechanical energy harvesting of Dielectric Electro Active Polymers (D-EAPs)«. Bachelorarbeit. University of Southern Denmark, 2008.

[36] Iskandarani, Y. H., Jones, R. W., Villumsen, E., Bar-Cohen, Y. und Wallmersperger, T. »Modeling and experimental verification of a dielectric polymer energy scavenging cycle«. Tagungsband: *Proc. SPIE*. Bd. 7287. 2009, 72871Y–1–72871Y–12.

[37] Jean, P., Wattez, A., Ardoise, G., Melis, C, Van Kessel, R, Fourmon, A, Barrabino, E, Heemskerk, J und Queau, J. »Standing wave tube electro active polymer wave energy converter«. Tagungsband: *Proc. SPIE*. Bd. 8340. San Diego, CA, USA, 2012, S. 83400C–1–83400C–21.

[38] Kaack, M. »Elastische Eigenschaften von NiTi-Formgedächtnis-Legierungen«. Dissertation. Ruhr-Universität Bochum, 2002.

[39] Kawamura, S., Yamamoto, T., Ishida, D., Ogata, T., Nakayama, Y., Tabata, O. und Sugiyama, S. »Development of passive elements with variable mechanical impedance for wearable robots«. Tagungsband: *Robotics and Automation, 2002. Proceedings. ICRA 02. IEEE International Conference on.* Bd. 1. 2002, S. 248–253.

[40] Kofod, G., Sommer-Larsen, P., Kornbluh, R. und Pelrine, R. »Actuation Response of Polyacrylate Dielectric Elastomers«. *Journal of Intelligent Material Systems and Structures* 14(12) (2003), S. 787–793.

[41] Kornbluh, R. D., Prahlad, H., Pelrine, R., Stanford, S., Rosenthal, M. A., Guggenberg, P. A. von und Anderson, E. H. »Rubber to rigid, clamped to undamped: toward composite materials with wide-range controllable stiffness and damping«. Tagungsband: *Proc. SPIE.* Bd. 5388. San Diego, CA, 2004, S. 372–386.

[42] Kuder, I. K., Arrieta, A. F., Raither, W. E. und Ermanni, P. »Variable stiffness material and structural concepts for morphing applications«. *Progress in Aerospace Sciences* 63(0) (2013), S. 33–55.

[43] Lagoudas, D., Hrsg. *Shape Memory Alloys: Modeling and Engineering Applications.* New York: Springer, 2008.

[44] Lexcellent, C. *Shape-Memory Alloys Handbook.* ISTE Ltd, 2013, S. 26.

[45] Li, S., Lotfi, A., Shan, Y., Wang, K. W., Rahn, C. D., Bakis, C. E. und Mehdi Ahmadian. »A variable transverse stiffness sandwich structure using fluidic flexible matrix composites (F2MC)«. Tagungsband: *Proc. SPIE.* Bd. 6928. San Diego, 2008, S. 69280M–1–69280M–12.

[46] Li, T., Keplinger, C., Baumgartner, R., Bauer, S., Yang, W. und Suo, Z. »Giant voltage-induced deformation in dielectric elastomers near the verge of snap-through instability«. *Journal of the Mechanics and Physics of Solids* 61(2) (2012), S. 611–628.

[47] McKnight, G. und Henry, C. »Variable stiffness materials for reconfigurable surface applications«. Tagungsband: *Proc. SPIE.* Bd. 5761. San Diego, CA, USA, 2005, S. 119–126.

[48] McKnight, G. und Henry, C. »Large strain variable stiffness composites for shear deformations with applications to morphing aircraft skins«. Tagungsband: *Proc. SPIE.* San Diego, CA, USA, 2008, S. 692919–1–692919–12.

[49] Menzer, M. und Häusler, C. »Träger mit einstellbarer Biegesteifigkeit zur Schwingungskompensation«. Pat. DE102012208713.3. 2012.

[50] Mooney, M. »A Theory of Large Elastic Deformation«. *J. Appl. Phys.* 11(9) (1940), S. 582–592.

[51] Murray, G. und Gandhi, F. »Multi-layered controllable stiffness beams for morphing: energy, actuation force, and material strain considerations«. *Smart Materials and Structures* 19(4) (2010), S. 045002–1–045002–11.

[52] O'Brian, B. M. »Simulation, fabrication, and control of biomimetic actuator arrays«. Dissertation. The University of Auckland, 2010.

[53] OTSUKA, K. und WAYMAN, C. M. *Shape memory materials*. Cambridge University Press, 1999.

[54] *PA 3200 GF*. EOS GmbH - Electro Optical Systems. 2010.

[55] PELRINE, R., KORNBLUH, R., PEI, Q. und JOSEPH, J. »High-Speed Electrically Actuated Elastomers with Strain Greater Than 100%«. *Science* 287(5454) (2000), S. 836–839.

[56] PELRINE, R. E., KORNBLUH, R. D. und JOSEPH, J. P. »Electrostriction of polymer dielectrics with compliant electrodes as a means of actuation: Tenth IEEE International Workshop on Micro Electro Mechanical Systems«. *Sensors and Actuators A: Physical* 64(1) (1998), S. 77–85.

[57] PILKEY, W. D. *Formulas for stress, strain, and structural matrices*. New York: Wiley, 1994.

[58] *Produktdaten Somos NeXt*. DSM Somos. Elgin, Illinois, USA, 2010.

[59] RAITHER, W., BERGAMINI, A., GANDHI, F. und ERMANNI, P. »Adaptive bending-twist coupling in laminated composite plates by controllable shear stress transfer«. *Composites Part A: Applied Science and Manufacturing* 43(10) (2012), S. 1709–1716.

[60] ROGERS, C. A., BAKER, D. K. und C.A., J. »Introduction to Smart Materials and Structures«. Tagungsband: *Proceedings of U.S. Army Research Office Workshop on Smart Materials, Structures and Mathematical Issues*. 1988, S. 17–28.

[61] ROSSET, S., GEBBERS, P., O'BRIEN, B. M. und SHEA, H. R. »The need for speed«. Tagungsband: *Proc. SPIE*. Bd. 8340. 2012, S. 834004–1–834004–12.

[62] ROSSET, S. und SHEA, H. »Flexible and stretchable electrodes for dielectric elastomer actuators«. English. *Applied Physics A* 110(2) (2013), S. 281–307.

[63] RUNGE, J.-B., OSMONT, D. und OHAYON, R. »Twist control of aerodynamic profiles by a reactive method (experimental results)«. *Journal of Intelligent Material Systems and Structures* 24(8) (2013), S. 908–923.

[64] SECORD, T. W. und ASADA, H. H. »A Variable Stiffness PZT Actuator Having Tunable Resonant Frequencies«. *Robotics, IEEE Transactions on* 26(6) (2010), S. 993–1005.

[65] SHAN, Y., LOTFI, A., PHILEN, M., LI, S., BAKIS, C. E., RAHN, C. D. und WANG, K. »Fluidic flexible matrix composites for autonomous structural tailoring«. Tagungsband: *Proc. SPIE*. Bd. 6525. San Diego, CA, USA, 2007, S. 652517–1–652517–14.

[66] SHAN, Y., PHILEN, M. P., BAKIS, C. E., WANG, K.-W. und RAHN, C. D. »Nonlinear-elastic finite axisymmetric deformation of flexible matrix composite membranes under internal pressure and axial force«. *Composites Science and Technology* 66(15) (2006), S. 3053–3063.

[67] Shan, Y., Philen, M., Lotfi, A., Li, S., Bakis, C. E., Rahn, C. D. und Wang, K.-W. »Variable stiffness structures utilizing fluidic flexible matrix composites«. *Journal of Intelligent Material Systems and Structures* 20(4) (2009), S. 443–456.

[68] *SmarFlex Wire*. SAES Getters. Lainate, Italy, 2009.

[69] Son, S. und Goulbourne, N. C. »Large deformations of reconfigurable active membranes: a finite element model«. Tagungsband: *Proc. SPIE*. Bd. 7642. San Diego, CA, USA, 2010, 76421P–76421P–10.

[70] Srinivasan, A. V. und McFarland, D. M. *Smart structures: analysis and design*. Cambridge university press, 2001.

[71] Sugar, T. und Hollander, K. »Adjustable stiffness leaf spring actuators«. Pat. US7527253B2. 2009.

[72] Suo, Z. »Theory of dielectric elastomers«. *Acta Mechanica Solida Sinica* 23(6) (2010), S. 549–578.

[73] Tabata, O., Konishi, S., Cusin, P., Ito, Y., Kawai, F., Hirai, S. und Kawamura, S. »Micro fabricated tunable bending stiffness devices«. *Sensors and Actuators A: Physical* 89(1) (2001), S. 119–123.

[74] Timoshenko, S. und Gere, J. M. *Theory of elastic stability*. Mineola, NY; USA: Dover Publications Inc., 2012.

[75] Tse, T. C. H., O'Brien, B., McKay, T. und Anderson, I. A. »A validated finite element model of a soft artificial muscle motor«. Tagungsband: *Proc. SPIE*. International Society for Optics und Photonics. San Diego, CA, USA, 2011, 79761Q–1–79761Q–9.

[76] Wissler, M. »Modeling dielectric elastomer actuators«. Dissertation. Zürich: ETH Zürich, 2007.

[77] Wissler, M. und Mazza, E. »Mechanical behavior of an acrylic elastomer used in dielectric elastomer actuators«. *Sensors and Actuators A: Physical* 134(2) (2007), S. 494–504.

[78] Wissler, M. und Mazza, E. »Modeling of a pre-strained circular actuator made of dielectric elastomers«. *Sensors and Actuators A: Physical* 120(1) (2005), S. 184–192.

[79] Wissler, M., Mazza, E., Kovacs, G. und Bar-Cohen, Y. »Electromechanical coupling in cylindrical dielectric elastomer actuators«. Tagungsband: *Proc. SPIE*. Bd. 6524. 1. 2007, S. 652409–1–652409–10.

[80] Zhao, X. und Suo, Z. »Method to analyze programmable deformation of dielectric elastomer layers«. *Applied Physics Letters* 93(25) (2008), S. 251902–251902–3.